企业级 Java 微服务实战

[美] 肯·芬尼根(Ken Finnigan) 著

张 渊 张 坤 译

清华大学出版社

北 京

Ken Finnigan

Enterprise Java Microservices

EISBN: 978-1-61729-424-2

Original English language edition published by Manning Publications, USA (c) 2019 by Manning Publications. Simplified Chinese-language edition copyright (c) 2020 by Tsinghua University Press Limited. All rights reserved.

北京市版权局著作权合同登记号　图字：01-2019-1497

图书在版编目(CIP)数据

　　企业级 Java 微服务实战 / (美) 肯·芬尼根(Ken Finnigan) 著；张渊，张坤 译. —北京：清华大学出版社，2020.1

　　书名原文：Enterprise Java Microservices

　　ISBN 978-7-302-54268-1

　　Ⅰ.①企…　Ⅱ.①肯…②张…　③张…　Ⅲ.①JAVA 语言—程序设计　Ⅳ.①TP312.8

　　中国版本图书馆 CIP 数据核字(2019)第 258569 号

责任编辑：王　军
封面设计：孔祥峰
版式设计：思创景点
责任校对：牛艳敏
责任印制：宋　林

出版发行：清华大学出版社
　　　　　网　　　址：http://www.tup.com.cn，http://www.wqbook.com
　　　　　地　　　址：北京清华大学学研大厦 A 座　　　　邮　　编：100084
　　　　　社 总 机：010-62770175　　　　　　　　　　邮　　购：010-62786544
　　　　　投稿与读者服务：010-62776969，c-service@tup.tsinghua.edu.cn
　　　　　质 量 反 馈：010-62772015，zhiliang@tup.tsinghua.edu.cn
印 装 者：三河市吉祥印务有限公司
经　　销：全国新华书店
开　　本：170mm×240mm　　　印　　张：15.75　　　字　　数：282 千字
版　　次：2020 年 1 月第 1 版　　　印　　次：2020 年 1 月第 1 次印刷
定　　价：79.80 元

产品编号：082456-01

序　言

　　自从我在红帽系统上开始开发企业级 Java 微服务，我就知道这是一个非常重要的在开发者社区传播更广的话题。许多有用的信息会像流行语一样消逝，因而需要一本书来呈现这些信息以帮助开发者完成他们的工作。

　　我真诚地希望《企业级 Java 微服务实战》能成功地将目前的企业级 Java 开发者从传统应用开发转到开发微服务。这通常不是一条轻松的路线，因为从传统应用开发到开发微服务需要不同的编程习惯。本书的初衷是提供初步知识，帮助你了解微服务。

作者简介

    Ken Finnigan 曾担任全球各地企业的顾问和软件工程师，具有超过 20 年的从业经验。他领导着 Thorntail 项目，该项目旨在让使用 Java 和 Java EE 为云开发微服务变得尽可能容易。他曾担任 LiveOak 和其他 JBoss 项目的项目负责人。

致　　谢

因为这本书超出了预期的完成时间，所以我感谢我的妻子 Erin，她在整个过程中一直给予我理解和支持。没有她的耐心、指导和毅力，我今天可能还在编写和重写这些章节。我也想感谢我的儿子 Lorcán 和 Daire，感谢他们能够理解他们的爸爸缺席了周末的娱乐项目，那时我正埋头在电脑上，编写这本书。

感谢我的项目编辑 Karen Miller 和 Susanna Kline，感谢他们理解我缓慢的撰写速度，以及指出我可以做得更好的地方。除此之外，我要感谢所有审稿人：Alexandros Koufoudakis、Andrea Cosentin、Andrew Block、Benjamín Molina、Christian Posta、Conor Redmond、Damián Mazzini、Daniel MacDonald、David Pardo、Eric Honorez、Gary Samuelson、John Clingan、Justin McAteer、Kelum Senanayake、Miguel Paraz、Peter Perlepes、Rinor Maloku、Rohit Nair、Sergiy Pylypets、Siva Kalagarla 以及 Tony Sweets。最后，感谢整个 Manning 团队在这个项目上的所有付出。

关 于 本 书

在过去的七八年里，"微服务"的使用有了爆发式的增长，但开发者总是不能更好地理解它的含义。在这段时间的后半部分，开发者已经开始寻求将现有的企业级 Java 知识带入微服务中，但不一定都能成功。《企业级 Java 微服务实战》的编写目标是帮助现有的企业级 Java 开发者弥补传统应用开发和微服务之间的差距。

由于我的部分工作在红帽(Red Hat)，我亲眼目睹了微服务的爆发式增长。它的爆发是我和同事在 2015 年成立 WildFly Swarm 项目的一个促成因素。我们看到了具有现存企业级 Java 知识的开发者对创建微服务的需求，当时我们没有关注 Java EE 领域，而是创建了 WildFly Swarm。从那时起，微服务发生了很大的变化，而当前的微服务环境恍如隔世。

自从我开始编写《企业级 Java 微服务实战》，企业级 Java 的变化一直在迅速发生。我已经尽我所能，随着这些变化的发生努力更新本书。

应该注意的是，受篇幅限制，本书并不打算深入研究微服务开发的所有方面。在适当的情况下，如果你选择更详细地研究某个特定主题，本书将提供附加阅读的链接。

本书读者对象

本书适用于具有至少四年经验的企业级 Java 开发者。这些开发者可能具有微服务的基本知识，甚至可能使用 Node.js 或其他非企业级 Java 技术尝试过微服务，但还没有学会开发企业级 Java 微服务。

本书的结构：路线图

本书包含两部分：第 I 部分，从第 1 章到第 5 章，讨论了微服务和分布式系统的总体架构，以及精简应用服务器的概念、测试和云原生开发。第 II 部分深入研究了微服务开发的一些细节，如服务注册、容错和安全性。

第 1 章介绍企业级 Java 微服务——什么是单体应用，以及它是如何出现的。

然后介绍分布式架构和微服务：它们是什么，术语的含义，以及与切换到微服务密切相关的其他流程。最后，介绍从单体应用迁移到微服务的一些模式，以及应用它们的时机。

第 2 章通过开发 RESTful 端点介绍微服务，这些端点用来管理一个购物网站的类别。还介绍 Cayambe 单体，它将贯穿整本书，会被转换成一个混合体，并拥有额外的微服务。

第 3 章介绍恰如其分的微服务应用服务器(Just enough Application Server, JeAS)运行时的概念，并展示了支持此类运行时的框架之间的差异。

第 4 章介绍在开发微服务时，单元测试和集成测试的不同之处，以及使测试更容易的可用工具。该章还介绍消费者驱动的契约测试的新概念，这对于包含许多微服务进行协作和通信的架构的成功至关重要。

第 5 章讨论云以及不同云环境中使用的不同服务模型。我们还将讨论云原生开发，以及它如何适应微服务的世界。接着使用可用的工具进行本地云开发，你将看到如何使用这些工具进行测试。

第 6 章讨论可用于消费外部微服务的库，以及它们提供的抽象层次。在研究抽象层次更高的库(如 JAX-RS 和 RESTEasy 客户端)之前，我们将介绍底层库，如 java.net 和 Apache HttpClient。

第 7 章扩展第 6 章，为微服务添加了必要的部分，使其能够发现它们希望消费什么。如果不能注册或发现微服务，就无法可靠地使用它。

第 8 章深入讨论分布式体系结构和微服务的一个关键主题——故障以及如何减轻故障。我们简要介绍微服务可能遇到的典型故障类型，然后介绍 Hystrix 框架的各个部分如何为微服务提供一种方法，来解决可能出现的故障。

第 9 章讨论微服务的安全性，以及如何通过 Keycloak 实现安全性。该章涵盖的内容包含从保护微服务所需的内容，到在微服务中检索令牌以调用受保护的微服务，最后，在 UI 中验证用户已使用受保护的微服务。

第 10 章回顾 Cayambe 单体，展示如何以未修改的形式运行它。然后，通过一些步骤将 Cayambe 转换为一个混合体，该系统具有独立的部分，但也需要使用微服务来扩展和分发其功能。

第 11 章通过减少混合体和微服务之间的数据重复，介绍使用 Apache Kafka 实现数据流的主题。你将使用数据流来支持对不同数据的实时更新，从而简化分布式体系结构。

关于代码

　　本书中的所有代码都可以在附带的源代码文件中找到。源代码可以从 Manning 网站(www.manning.com/books/enterprise-java-microservices)免费下载，也可以从下面的 GitHub 存储库下载：https://github.com/kenfinnigan/ ejm-samples。所有示例代码都是由一系列 Maven 模块构成的，这些模块分别对应于一章或一章的一部分。也可扫描封底二维码获取本书源代码。

图书论坛

　　购买的《企业级 Java 微服务实战》还有 Manning Publications 运行的一个私有 Web 论坛的访问权限。你可以在该论坛上对该书发表评论，询问技术问题，并从作者和其他用户那里获得帮助。论坛请访问 https://forums.manning.com/forums/ java-microservices-in-action。你也可以通过 https:/forums.manning.com/forums/about 了解 Manning 的论坛和行为准则。

　　Manning 对读者的承诺是提供一个平台，让读者之间、读者和作者之间进行有意义的对话。作者对论坛的贡献仍然是自愿的(而且是无偿的)，因此这并不是对其参与多少的承诺。我们建议你试着问作者一些有挑战性的问题，以免他失去兴趣。只要该书出版，论坛和以前讨论的归档就可以从出版商的网站上访问。

封面插图声明

《企业级 Java 微服务实战》封面图片的标题是"来自 Lumbarda, island Korčula, Croatia 的女孩"。这幅插图取自 Frane Carrara 教授(1812—1854)于 2006 年出版的一套标题为"Dalmatia"的 19 世纪服饰和人种学描述的复制品。Frane Carrara 教授是考古学家和历史学家，也是克罗地亚斯普利特古文物博物馆(Museum of Antiquity in Split，Croatia)的首任馆长。这些插图是由民族志博物馆（前身为古代博物馆）的一位热心的图书管理员提供的，博物馆本身位于中世纪斯普利特中心的罗马核心地带：公元 304 年前后戴克里先皇帝退休宫殿的废墟。本书包括来自达尔马提亚不同地区的精美彩色插图人物，伴随着对服装和日常生活的描述。

自 19 世纪以来，着装规范已经发生了变化，当时非常丰富的地区差异也逐渐消失。现在很难区分不同大陆的居民，更不用说不同的城镇或地区。也许我们已经用文化的多样性换取了更多样化的个人生活——当然是更多样化和快节奏的技术生活。

在一个很难指出两本计算机图书区别的时代，Manning 用基于两个世纪前丰富多样的地区生活的书籍封面来庆祝计算机行业的创造性和主动性，通过收藏品中的插图重现生活。

目　　录

第 I 部分

微服务基础

什么是微服务？一个微服务由在单独的进程中执行一个部署组成。如何区别微服务和传统的企业级 Java 应用？哪些场景适合使用微服务？这些问题将在本书前 5 章中解答。

第 I 部分探索企业级 Java 微服务可选的运行时，然后介绍如何测试及部署微服务。

第 *1* 章

企业级Java微服务

本章涵盖:
- 企业级 Java 简史
- 微服务和分布式架构
- 迁移至微服务的模式
- 企业级 Java 微服务

在深入学习之前, 让我们先后撤一步, 讨论一下我期望你能在此书收获的内容。本章介绍了微服务, 包括微服务的概念、优点和缺点, 以便提供一个技术知识的基础。第 2 章和第 3 章提供了一个 RESTful 端点微服务的案例, 涵盖了企业级 Java 微服务相关的运行时或部署的选项。

什么是企业级 Java 微服务? 简单而言, 就是将企业级 Java 运用到微服务的开发中。本书的后续部分将会详细讲述它的意义。

在学习了微服务的基础之后, 将会深入研究使用企业级 Java 实现缓解微服务的缺陷和复杂度的工具和技术。当对微服务有了进一步的了解后, 将会观察现有的企业级 Java 应用并设法进行迁移, 以利用微服务的优势。最后几章将涉及更深入的与安全性及事件流相关的微服务话题。

1.1 企业级 Java 简史

如果你正在阅读此书, 那么你很有可能已经是一位富有经验的企业级 Java 开发者。如果不是, 我也很赞赏你将视野拓展到企业级 Java!

1.1.1　什么是企业级 Java

对于那些新了解或需要复习企业级 Java 的人来说,什么是企业级 Java?企业级 Java 是一组 API(应用编程接口)以及 API 的实现,能提供整套应用服务,即一个应用从用户界面至数据库,以及通过 Web 服务与外部应用通信,与内部现有系统集成,目的在于支持企业的各项业务需求。尽管可能只通过 Java 本身就能实现功能,但重写低级别的架构对于应用来说可能会变得冗长并且错误率高,也会显著影响业务价值传递能力的及时性。

从 Java 首次发布到现在不过 20 年,而为了解决开发者关注的低级别架构的不同框架不断涌现。这些框架使得开发者关注在特定应用中以实现业务价值。

> **企业级 Java**
>
> 许多框架出现又继而消失,但有两种框架这些年来一直持续流行,即 Java 平台企业版(Java EE)和 Spring。绝大部分使用企业级 Java 的企业在开发中使用这两个框架。
>
> Java EE 包含许多技术规范,每一项都包含一个或者更多的实现技术。Spring 是一套库的集合,其中一些封装了 Java EE 的技术规范。

1.1.2　典型的企业级 Java 架构

在企业级 Java 发展的早期,应用都是绿地(Greenfield)项目,因为它们不涉及对现有代码的扩展。

定义 Greenfield 指开发全新的应用,除了一些必要的通用的类库之外,不需要考虑任何原有代码。

全新的开发提供了开发一个干净的分层架构应用的最好机会。通常,架构师会设计一个类似图 1.1 所示的架构。

在图 1.1 中,你可能会发现一些过去使用过的熟悉的架构片段:视图,控制器,可重用的业务服务,与数据库交互的模型。应用被打包为 WAR,但可以在每一层使用不同的打包方式,包含 JAR 和 EAR。通常,视图和控制器被打包为 WAR,业务服务和模型被打包为 JAR,位于 WAR 包或 EAR 包中。

这些年来,我们持续使用企业级 Java 并以这种模式开发绿地应用,但是在某个时间点后,大多数企业在很大程度上都在改进和增强现有的应用。从那天开始,由于必要的维护工作,许多企业级 Java 应用都变成企业的遗留负担。这不是因为 Java 的缺点或缺陷,是由于开发者不是改变现有应用和系统的最好的架构者。成百个架构师和开发者如果不考虑清晰,只顾自己的偏好或使用自己的模式来扩展现有的应用,那么对企业来说情况会变得更复杂。

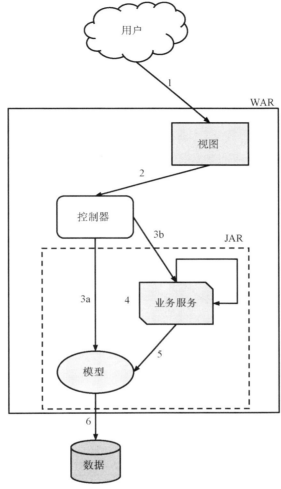

1. 用户从浏览器发起请求，并指定期望看到的视图。
2. 视图调用控制器来获取必要的信息，并构造自身。
3. 控制器使用下面的两种方式之一来获取信息：
   a. 直接与应用的模型交互，获取填充了数据的对象模型。
   b. 调用一个或多个业务服务，从不同的来源聚合数据。
4. 业务服务还可以向其他业务服务发起调用，这取决于业务功能的架构方式。
5. 业务服务调用模型来获取所需的数据。这个步骤等价于步骤 3a。
6. 模型类提供了数据到物理介质的映射，并且通常通过应用的各个层次向上传递。

图 1.1　典型的企业级 Java 应用架构

注意 我不是坐在象牙塔中蔑视开发者。由于写代码的工程师已经从企业中离职，我无法询问代码情况，并且代码缺失文档或文档难以理解，导致许多次我都需要在完全掌握现有功能后才做出是否实施添加新功能的决定。这种情况意味着开发者只能在没有完全了解现有系统的情况下对是否做变更做出裁决。管理层给出的项目截止日期的压力，让这样的情况更加充满问题。

久而久之，许多企业级 Java 应用偏离了如图 1.1 所示的整洁架构，从而成为图 1.2 所示的一团乱麻。在图 1.2 中可以看到原本在架构层功能之间清晰的边界是如何变得模糊的，这也导致每一层的组件不再像原先那样用途明确。

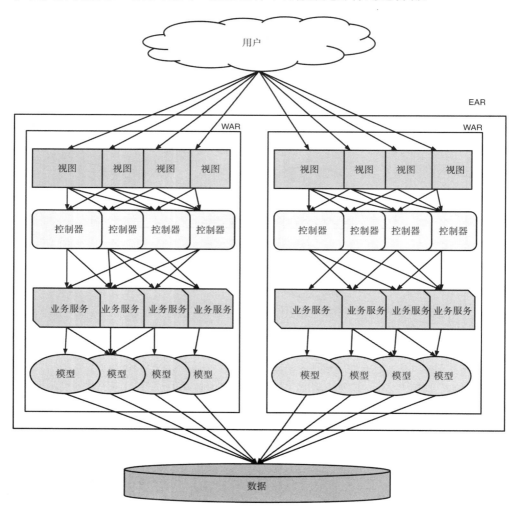

图 1.2 　如一团乱麻的企业级 Java

许多企业已经发现了这种情况。虽然只有部分企业的应用可能适合这种模式，但架构变成一团乱麻的问题必须解决，以便在应用后续的改进发展中，避免付出较大的代价。

1.1.3　什么是单体

什么是企业级 Java 应用的单体？单体指的是在每一次部署中会包含所有组件的应用，通常的发布周期是 3 至 18 个月。一些应用的构建周期甚至长达两年，这不适合敏捷开发的企业。单体通常会随着时间的推移而发展，对应用进行快速的迭代性改进，但是忽视合适的应用间的边界或应用内部组件之间的边界。应用成为单体时的几个指示包括：

- 由于包与包之间错综复杂的关系，在一次部署中包含多个 WAR。
- EAR 包可能包含了多个 WAR 或 JAR 包，以便提供所有必需的功能。

图 1.2 是不是单体？它确实是，由于不同组件之间模糊的功能界限，因此是极差的一个单体。

为什么先前的因素让应用成为单体？因为当应用还比较小时就想一次性地完成完美的部署，但当应用有成千上万个类而且有许多第三方库文件时，应用就变得无限复杂。甚至是微小的调整，对于应用来说也需要大量的回归测试来保证应用中的其他部分没有受到变更的影响。即使回归测试是自动的，也会是一项庞大的工作。

应用是否为单体也部分取决于它的设计架构。区分是否为单体不是基于应用占据磁盘空间的大小，或是执行应用所消耗的时间，而是完全取决于应用是根据其中的组件进行架构的。

应用发布周期的长短是企业发展的强有力的外力。如果应用发布周期只是 3 至 18 个月，那么业务(不知不觉地)会关注大的特性更改，这需要很长时间去开发。如果没有让微小的调整在几小时或几天内发布的激励机制，即使再小的变更也不会在几个月内进入生产环境。

使用开发和测试变更的时间来决定发布的周期，对于企业的敏捷性和响应外部变化环境的能力有直接的影响。举例来说，如果竞争者已经开始销售同样的产品，价格比你的企业低 15%，你将做出什么回应？花数月时间实施简单的调整产品的销售价格将会带来触及底线的灾难性后果。如果那件产品是最畅销的产品，并且企业在三个月内都无法在价格上具有竞争力的话，将导致企业濒临歇业直到价格调整为止。

沿着发布周期话题进行讨论，微服务的"微"和单体与体积大小的限制没有关系，这一点很重要。可以有一个占用了 100 MB 的微服务，也可以有一个仅占用 20 MB 的单体。架构概念其实更多的是如何处理组件间的依赖关系，最终能达到只更新一个组件而不需要级联更新许多组件。这种解耦才能带来快速迭代发布。

尽管单体架构的企业级 Java 应用看上去未来不容乐观，事实真是如此吗？在很多情况下，企业继续使用单体进行开发是行得通的。如何确定是否应该坚持使用单体？

- 企业可能只有很少应用仍在活跃地开发和维护。当你只有很少应用时，显著地增加开发、测试和发布压力可能就说不过去了。
- 如果当前的开发团队仅有寥寥数人，把团队拆分为 1 人或 2 人的团队去做微服务可能不会带来什么益处。在某些情况下，拆分可能还有坏处。Basecamp 公司(https://basecamp.com/)是一个完美的单体案例，它由一支12 人组成的开发团队开发。
- 企业是否需要一周发布多次或者一天发布多次？如果不是，并且现有的单体中的各个组件间有清晰的分离，减缓发布节奏是能提升业务敏捷度和价值的必要因素。

坚持单体对企业来说是否正确，需要具体问题具体分析，这取决于企业当前的环境和长远的目标。

1.1.4　与单体相关的问题有哪些

通常来说，与图 1.1 的架构类似的架构是个好选择，但也存在一些缺点。

- 无法扩展单个组件——这可能不是主要的问题，但是某些因素会改变糟糕的扩展性的影响。如果一个应用实例需要许多内存或空间，将其扩展到一定数量的节点需要在硬件上进行大量投资。
- 独立组件的性能——一次部署包含了多个组件，一个组件的性能很容易比其他的组件差，这将导致因为一个组件的缘故使得整个系统慢了下来，这不是一个好现象，运维团队的人员对此也不会接受。
- 单个组件的可部署性——当整个应用是单个部署时，任意变化都需要更新整个应用，即使组件中的一行变化。这不利于业务的敏捷性，常常导致发布节奏长达数月之久，并且在单次的更新部署中包含很多变更。
- 代码复杂度——当应用存在许多组件时，会使功能边界更容易变得模糊。组件之间边界的模糊会增加代码的复杂度，不仅包含代码执行的情况变得复杂，而且开发者更难看懂代码。
- 难以准确地测试应用——在应用的复杂度提升之后，用来确保任何调整都不会导致问题回归的测试工作量和耗时都提高了。这就像在完全不相关的组件间里，最小的以及最不重要的改变都能轻松地导致不可预见的错误和问题。

所有这些问题会导致企业损失惨重，也将企业抓住和利用新时机进行发展的速度放缓。但是与从零开始相比，这些潜在的缺点不足挂齿。

如果企业有一个应用，它已经在十年或更长的时间不断演进出新功能，想要尝试设立新项目来替代原先的应用，将会耗费数百人和数年的努力来实现。这就是企业仍坚持现有单体的一个重要原因。

当用一个更时髦的架构来替换单体代价太高时，企业中就变得不容易调整这个应用。这就成为一个关键应用，任何宕机都会对业务带来影响。应用在经历了持续的改进或修正故障后，这种情况将变得更加复杂。

另外，一些单体应用已经平稳运行了数年而且能轻松地被少数开发者管理。或许它们处于维护模式，而不是处于重大的特性开发中。这些单体应用运行得很好，如果不是迫不得已，尽量不要进行修理。

当单体应用已经过于庞大、累赘以至于无法使用新项目去进行替换时，你将会怎么做？尽管企业知道这将会极大地消耗它们的业务敏捷度和花费，如何使用新框架和新技术来更新应用，以使现有的应用不至于成为遗产？下面将给出这些问题的答案。

1.2　微服务和分布式架构

在探讨微服务和分布式架构定义之前，回顾一下图 1.2，我们是如何使用这个架构的；再看一下图 1.3，通过清晰的限界，将组件拆分到独立的微服务中，于是隔离了不同的组件。

微服务是什么？微服务包含在一个单独的进程执行的一个部署，它与其他的部署和进程保持隔离，支持满足一类特定的业务功能。每个微服务关注某个限界上下文(bounded context)中的任务，这对于企业来说也是一个通过逻辑方式隔离不同领域模型的方法。后续章节会更详细地介绍这方面的内容。

从定义可以看出，微服务本身并没有用。只有在许多松耦合的微服务通过协同工作来实现应用的需求时才能变得有用。微服务架构包含许多微服务之间的关联，也可被称为分布式架构。

要使微服务变得有用，它需要能够被系统的其他微服务和组件简单地调用。当一个微服务尝试完成太多的任务时，这个目标不容易实现。你将更期望微服务关注于单个任务。

1.2.1　只做好一件事

在 1978 年，以开发 UNIX 系统管道及各种 UNIX 工具闻名的 Douglas McIlroy，撰写了 "UNIX 的哲学"，其中一条就是，让每个程序只做好一件事。这条同样的哲学已经被采纳于微服务开发者中。微服务不是应用开发中的厨房水槽，不能把所有东西都扔在其中，同时期待它们的功用达到最佳水平。这种情况下，可以考虑单体微服务，也可以称作分布式单体！

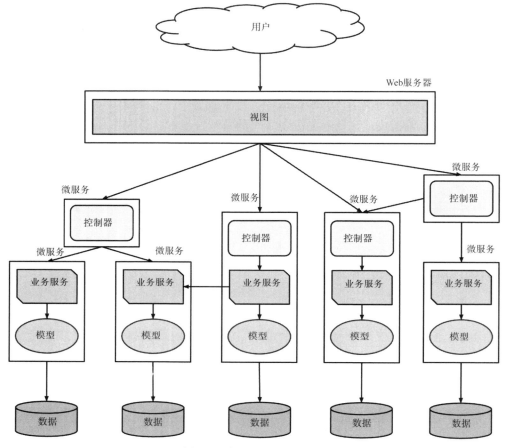

图 1.3   企业级 Java 微服务

设计精良的微服务应当独立执行细粒度任务，以便传递业务能力和增添业务价值。超过单任务，会把我们带回到企业级 Java 单体的问题中，我们可不想重复它。

通常情况下，弄清楚微服务的任务颗粒度并非易事。本章后面将讨论领域驱动设计作为一种帮助定义颗粒度的方式。

1.2.2   什么是分布式架构

分布式架构由多个不同的部分组成，它们一起协同工作以完成应用的全部功能，这些不同的部分分布在多个进程中，有时也跨越网络边界。分布式可以是应用的任何部分，例如 RESTful 端点、消息队列以及 Web 服务，但也不是仅限于这些组件。

图 1.4 展示了一个分布式微服务架构的样子。其中，微服务实例被描述为运行时，但没有展现实例是如何打包构建的。它能被打包为超级包(uber jar)或 Linux容器，但也能以其他形式存在。运行时用来描述微服务的运行环境，它展示各个微服务在独立运行。

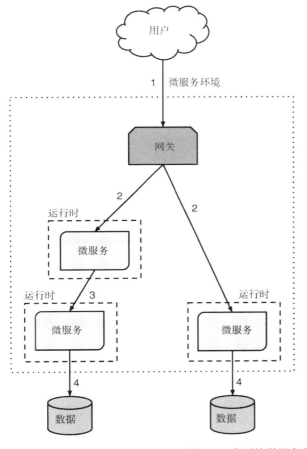

1. 用户通过从浏览器中发起请求来与特定的服务交互。这可能来自于移动设备，也可能来自于先前获取的UI页面。
2. 当请求进入微服务环境时，它进入网关。网关会被请求路由到合适的微服务。
3. 微服务收到请求，并完成它自己的处理，然后调用其他微服务。
4. 链式微服务的最后一个会与数据存储层交互，以便获取或者写入记录。

图 1.4　典型的微服务架构

注意　超级包(uber jar)，也被称为 fat jar，表明 JAR 文件包含一个以上的应用或
　　　类库，同时也能使用 java -jar 命令运行它。

1.2.3　为什么要关心分布式

我们已经了解了分布式架构，下面看看它的一些优势：

● 服务是位置无关的。服务能定位并且与其他服务交互，无论它们的物理的

部署位置在哪里。这种位置无关的特性使得服务能部署于同一台虚拟机、同一台物理机、同一个数据中心、不同的数据中心或公有云上，就像它们运行在相同的 JVM 中。位置无关的主要劣势在于服务之间的网络调用需要额外的时间，由于增加了新网络调用，也减少了成功完成的可能性。

- 服务是语言无关的。尽管本书只关注企业级 Java，但我们不会天真地相信服务不需要或不要求使用不同的语言进行开发。当不要求将服务运行在同一个环境下时，可以使用不同语言开发不同的服务。

- 服务的部署很小并且服务于单一的目的。当部署更小的时候，就需要更小的测试代价，这使得将部署的发布周期缩短到一周或更短时间成为可能。拥有小型的、单一用途的部署可以使企业更容易地以近乎实时的方式响应业务需求。

- 新服务由现有服务功能的重新组合定义。在架构中拥有独立的分布式服务能极大地增强重组这些服务的能力，以便创造新价值。与少数已经部署好的服务结合，这个重组能像部署一个新服务一样直截了当。这使你能在短时间内创建一些新业务。

听上去很棒——如何才能立刻开发分布式应用呢？你需要回退一点，拉住缰绳。没错，实施分布式确实会改善这些年使用企业级 Java 的部分问题，但它也带来自己的挑战。开发分布式应用并非一定是良方，而且你可能会很容易地把枪打到自己脚上。

你看到过分布式的一些优点，但是对于大部分的东西来说，天下没有免费的午餐，分布式架构也是。如果你有一部分服务有通信交互，同时没有耦合，将会有什么问题？

- 服务的物理无关性很棒，但是服务之间怎么找到对方？你需要方法来逻辑地定义服务，不管它们的具体物理位置或者可能的 IP 地址在哪里。通过一种探索方法，你能通过它的逻辑名称同时忽略它可能的物理位置来定位服务。服务发现就是这个目的。本书的第 II 部分将介绍如何使用服务发现。

- 在不影响用户的情况下如何处理失败情况？在服务异常的情况下，你需要一些温和的方式降低可用性，而不是让应用崩溃。你需要让服务具有韧性或容错性，以便在服务失败时提供选择。本书的第 II 部分将介绍如何为服务提供容错性及韧性。

- 成百上千的服务，与少数应用相比，对运维增添了额外压力。大部分运维团队都没有维护如此大量服务的经验。如何减少它的复杂度？监控在这里扮演了重要的角色，尤其是自动化监控。你对上百个服务进行监控以减少运维的压力，同时提供尽量近实时的整个系统的运行情况信息。

1.2.4　可以做些什么帮助开发微服务

微服务开发很难，能做什么使微服务开发变得简单？没有什么灵丹妙药能使微服务开发变得容易，但本部分涵盖了一些选择使得微服务开发更易管理。

1.2.5　项目产品

从在 Adrian Cockroft 的带领下重写整个架构开始，Netflix 公司已经是在微服务方面"通过项目出产品"理念的一个主要支持者。

这些年来，我们已经开发了很多项目，但它们不是产品。为什么呢？因为我们开发的应用满足了一些需求，然后把它交接给运维。这个应用可能需要两周或两年时间进行开发，但它仍然是一个项目。如果到最后应用被交接出去了，同时项目组解散了，项目组的有些成员或许留下来一段时间去处理维护或是优化的需求，但是这些工作仍然被看成由许多小项目组成的一个项目。

那么如何开发一个产品呢？开发产品意味着一支团队负责该产品的整个生命周期，无论是两个月还是 20 年。这支团队将开发、发布新版本，管理和运维应用的各个方面，解决产品的各类问题——差不多是每件事情。

为什么项目和产品之间的差别很重要？负责一款产品会在应用的开发方式上产生更强烈的责任感。你是否愿意由于应用宕机在半夜被惊扰？我肯定不愿意！

从关注项目到关注产品的转变，是如何帮助开发微服务的？当你在探究发布周期为一周或更短时间的时候(由于微服务通常是这样的)，对于那些不熟悉代码仓库的开发者来说难以达成这样的发布频率，这通常是开发项目的情况。

1.2.6　持续集成和持续交付

没有持续集成和持续发布，开发微服务将变得更加困难。

持续集成(continuous integration)指的是保证任何变化或提交到源码仓库的过程都会导致应用的一次新构建，它包含所有相关的测试。它对于修改是否破坏应用提供了快速反馈，并提供了足够的测试来发现它。

持续交付(continuous delivery)是一种来自开发运维一体化(DevOps)运动带来的新现象，即应用的变化在不同的环境中持续部署(包含生产环境)，以保证迅速交付应用的变化。在部署到生产环境时，可能需要手动批准的步骤，但并不总是需要。使用手动操作更可能针对的是重要用户的应用，其他应用中手动操作较少。持续交付经常使用部署流水线方式，由自动或手动步骤构成，例如通过手动步骤批准生产环境的发布。

持续集成和持续交付，被称为 CI/CD，是促进短发布周期的关键工具。为什么呢？它们使得开发者能够通过自动化方式尽快找到可能的漏洞。但更重要的是，CI/CD 显著减少了从确定一段代码已准备好进入生产环境到让它能真正运行之间的时间。如果一个版本的发布过程消耗一天或两天，那么将导致一天内无法发布多次，甚至无法一天发布一次。

CI/CD 的另一个优势是增量式的功能交付。它的目标不仅是更快地发布代码，能部署更小部分的功能对于最小化风险也很重要。如果生产环境的微小变化导致了失败，回滚这个变化也变得相对简单。

1.3　迁移至微服务的模式

你已经了解了企业级 Java 及其现有的单体架构，并且已经了解了分布式体系结构中的微服务。但如何从一个迁移到另一个？本部分将深入研究可应用于将现有单体拆分为多个微服务的问题的模式。

1.3.1　领域驱动模式

领域驱动设计(Domain-Driver Design，DDD)是一组模式和方法的集合，用于对软件领域中的理解进行建模。其中一个关键部分是限界上下文模式(https://martinfowler.com/bliki/ BoundedContext.html)，它能使你一次性地把要建模的系统分离成多个部分。

这个主题太广泛了，本书只能在几个小段落中介绍，很多书中已经专门介绍了 DDD，但是我们将在这里把 DDD 作为简要介绍微服务开发难题的另一部分。DDD 既可适用于未开发项目的微服务开发，也可用于迁移到微服务。

足够大的应用或系统可以划分为多个限界上下文，这使设计和开发能够在任何一点专注于给定的限界上下文的核心域。这种模式认为，任何时候都难以为整个企业提出领域模型，因为存在太多的复杂性。将这样的领域模型划分为可管理的限界上下文提供了一种方法，可以将注意力集中在该模型的一部分上，而不需要考虑其余的可能未知的领域模型。图1.5是一个帮助理解 DDD 背后概念的示例。

假如你想要开发一个使用微服务的商店，其领域模型包括订单、订单中的条目、产品和该产品的供应商。当前领域模型结合了可以定义产品的不同方式。从订单的角度来看，它不关心谁提供产品，有多少是当前库存，制造商价格是多少，以及任何其他仅与业务管理相关的信息。相反，管理方并不一定关心一个产品可能管理了多少订单。

图 1.6 显示了在每个限界上下文中你有产品；每个限界上下文代表产品的不同视图。订单限界上下文仅包含产品代码和描述等信息，业务所需的所有产品信息都在产品限界上下文中。

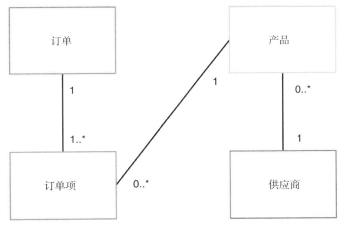

图 1.5　商店领域模型

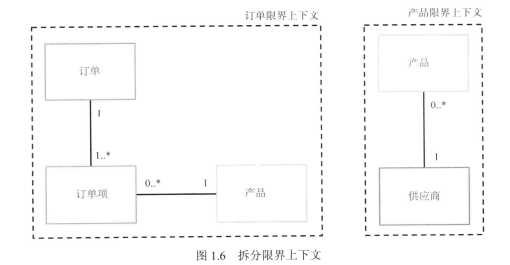

图 1.6　拆分限界上下文

　　某些情况下，限界上下文的领域模型中存在清晰的拆分，但在其他情况下，单独的模型之间存在共性，如前面的示例所示。在这种情况下，重要的是要考虑到，尽管领域模型的一部分是在限界上下文之间共享的，但一个领域可以被归类为所有者。

　　在定义了一个领域的所有者之后，有必要使该领域可用于外部限界上下文——但这种方式不会隐式地将两个限界上下文联系在一起。这确实使处理边界变得更加棘手，但事件溯源(event sourcing)等模式有助于解决这个问题。

注意 事件溯源是一个实践，对于应用中的每个状态更改，都会触发事件。事件通常被记录为特定格式的日志，这个日志可以用来重建整个数据库结构。或者在本例中，作为填充外部拥有的领域模型的一种方式。

如何将所有这些限界上下文组合在一起？每个限界上下文构成了更大整体的一部分，即上下文映射(context map)。上下文映射应用的是全局视图，标识所有必需的限界上下文以及它们应该相互通信和集成的方式。

在这个例子中，由于已将产品拆分为两部分，因此你需要一个从产品到订单限界上下文的数据流，以便能够使用合适的数据填充产品。

正如你在示例中所见，在限界上下文中共享领域模型的一个好处是，每一个上下文都可以针对同样的数据拥有自己的数据视图。应用不会被迫使用与其所有者相同的方式查看数据。当一个领域只需要所有者可能拥有的每个记录中的一小部分数据时，这可以带来巨大的好处。有关领域驱动设计和限界上下文的其他信息，我推荐 Debasish Ghosh 撰写的 *Functional and Reactive Domain Modeling* (Manning，2016)。

1.3.2　大爆炸模式

大爆炸模式(Big Bang pattern)是迄今为止迁移到企业中的微服务的最复杂和最具挑战性的模式。它需要将现有单体模式的每一块拆分成微服务，这样就可以从一个部分转换为另一个部分。

由于部署是到生产环境的一次性转换——大爆炸，因此进行这样的开发可能需要与开发单体耗时一样长。当然，在这个过程结束时，已经转向微服务。但对于大多数企业来说，相对于迁移到微服务的其他模式，这种模式将是一条更艰难的道路——特别是在考虑在两个部署模型之间移动所需的内部流程和过程更改时。这种突然的变化将是一种惨痛经历，并可能对企业造成损害。

对于大多数企业来说，不建议将大爆炸模式作为迁移的手段，那些对微服务没有经验的人绝对不适合。

1.3.3　绞杀者模式

绞杀者模式(Strangler pattern)基于 Martin Fowler 定义的 Strangler 应用(www.martinfowler.com/bliki/Strangler Application.html)。Martin 将此模式描述为：通过在现有系统的边缘逐渐创建新系统来重写现有系统的方法。新系统在几年内缓慢增长，直到旧系统被绞杀为不存在。

你可能会发现类似于大爆炸模式的最终结果——不一定是坏事——但它在更长的时间跨度内实现，同时仍然在过渡期间提供商业价值。与大爆炸模式相比，这种方法显著降低了所涉及的风险。通过监控应用随着时间的进展，你可以在学习每一个新实现的微服务时，调整微服务的实现方式。与大爆炸模式相比，这是另一个巨大的优势：能够调整和应对流程或程序中可能出现的问题。如果使用大爆炸方法，企业被绑架到这个过程中，直到所有事情都发生了转变。

1.3.4　混合模式

我们已经介绍了大爆炸模式和绞杀者模式，现在来看看混合模式。我觉得这种模式将成为企业迁移和开发微服务的主要模式。

这种模式的开始与绞杀者模式类似，不同之处在于你永远不会完全扼杀原先的单体。你可以在单体架构中保留一些功能，并将其与新微服务集成。图 1.7 显示了一个请求在通过现有的企业级 Java 单体和新微服务架构时的路径。

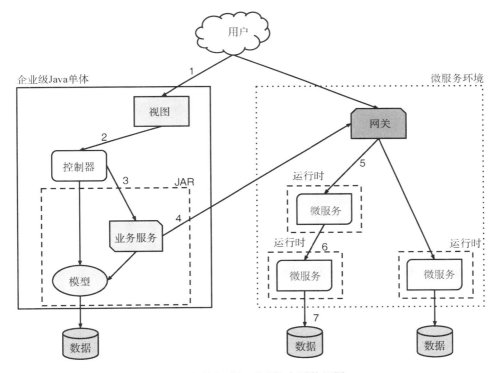

1. 用户从浏览器发出请求，指定他们希望看到的应用的视图。
2. 视图调用控制器来检索构造自身所需的所有信息。
3. 控制器调用业务服务，可能汇聚来自不同源的数据。
4. 业务服务之后将请求传递到微服务环境，进入网关。
5. 网关根据已定义的路由规则将请求路由到适当的微服务。
6. 微服务接收请求并在调用另一个微服务之前对其执行一些自己的处理。
7. 流程链中的最后一个微服务与数据存储层交互以读/写记录。

图 1.7　企业级 Java 和微服务的混合架构

如图 1.7 所示的架构为业务的发展提供了极大的灵活性，并及时提供了业务价值。可以把需要高性能和/或高可用性的组件部署到微服务环境。成本太高而无法迁移到新架构的组件仍可部署在企业级 Java 平台上。

当把现有的企业级 Java 应用迁移到微服务时，你可以关注本书后面部分介绍的混合体介绍。

1.4   什么是企业级 Java 微服务

企业级 Java 微服务纯粹是使用企业级 Java 开发的微服务，让我们看一个简单的例子，以便在实践中介绍它。

创建一个使用 CDI 和 JAX-RS 的简单 RESTful Java EE 微服务。此微服务公开了 RESTful 端点来按名称问候用户，它返回的消息是通过注入的 CDI 服务提供的(见代码清单 1.1)。

代码清单 1.1   CDI 服务

```
@RequestScoped
public class HelloService {

    public String sayHello(String name) {
        return "Hello " + name;
    }
}
```

CDI 注解：它表明在每个 Servlet 请求上都会创建新的 HelloService。在这个例子中，因为不会存储状态，所以简单地将其替换为@ApplicationScoped

服务方法：接收一个参数，添加前缀"Hello"并返回

前面的服务定义了一个 sayHello()方法，该方法返回 Hello 与 name 参数值的组合。

然后，可以通过@Inject 将该服务注入控制器中。

代码清单 1.2   JAX-RS 端点

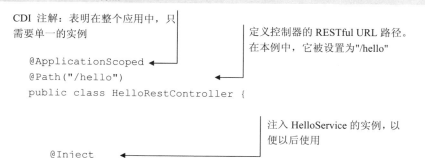

CDI 注解：表明在整个应用中，只需要单一的实例

定义控制器的 RESTful URL 路径。在本例中，它被设置为"/hello"

```
@ApplicationScoped
@Path("/hello")
public class HelloRestController {

    @Inject
```

注入 HelloService 的实例，以便以后使用

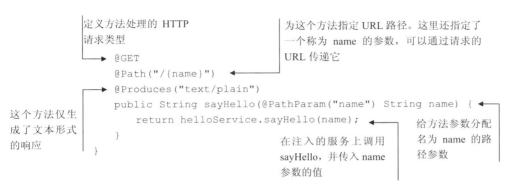

如果你之前开发过 JAX-RS 资源，就会明白代码清单 1.2 中的所有内容。这意味着什么呢？这意味着可以使用企业级 Java 开发微服务，就像开发企业级 Java 应用一样。在使用企业级 Java 开发微服务时，能开发具有现有企业级 Java 知识的微服务的能力是一个显著的优势。

这个微服务的例子很简单，因为只处理方程的生产方。如果该服务也消耗了其他微服务，那将会更复杂。在本书的第 II 部分中将会介绍。

虽然前面的示例是使用 Java EE API 实现的，但它可以很容易地使用 Spring 实现。

为什么企业级 Java 非常适合微服务

你已经看到将 RESTful 端点开发为企业 Java 微服务是多么容易，但为什么要这样做？使用专门为微服务构建的新奇框架或技术，会不会更好？你现在有很多选择：Go、Rust 和 Node.js 仅是其中的个例。

在某些情况下，使用更新的技术可能更有意义。但是，如果企业通过现有应用、开发者等对企业级 Java 进行大量投资，那么继续使用该技术会更有意义。这里说的技术，不是指 Java EE 或 Spring 本身，它更多的是关于技术提供的 API 和开发者对这些 API 的熟悉程度。如果相同的 API 可以用于单体、微服务或下一个流行架构，能够使得开发者共享思维，那么这比为每种类型的开发情况重新学习 API 更有价值。

如果开发者第一次为企业构建微服务，那么使用开发者已经了解并掌握的技术可以让开发者专注于微服务的需求，同时不需要学习语言或框架的细微差别。

使用已有近二十年的技术也具有显著的优势。为什么呢？一种长期存在的技术几乎可以保证在不久的将来不会消失。有谁能说 Cobol 语言是不是在不久的将来会消失呢？

对于企业来说，了解到他们正在开发和投资的技术在最近几年内不会消亡，这是一种极大的宽慰。这种风险通常是企业不愿意投资于最新技术的原因。虽然不能使用最新、最好的技术令人沮丧，但它确实有优势，至少对企业而言是这样的。

在选择开发微服务的技术时，企业不是唯一需要考虑的因素，还需要考虑以下事项：

- 市场中开发者的经验和技能——如果你没有足够的资源池可供选择，那么为微服务开发选择特定技术将变得毫无意义。有数据庞大的开发者拥有企业级 Java 经验，因此使用它是有利的。
- 供应商支持——选择任何一种技术开发微服务都很好，但如果没有供应商提供该技术的支持，那就很困难了。在生产环境中，企业通常愿意让供应商全天候提供技术支持。在没有供应商支持的情况下，企业需要招聘那些直接运用该技术的人，以保证他们能够解决生产中的微服务问题。
- 变更成本——如果企业已经使用企业级 Java 开发了十年或更长时间并且拥有一群稳定的开发者，他们在那段时间从事过项目工作，那么企业放弃历史并开辟一条采用不同技术的新途径是否有意义？虽然在某些情况下，这确实有意义，但即使转向微服务，大多数企业也应该坚持经验和技能。
- 现有的运营经验和基础设施——除了开发者之外，拥有多年企业级 Java 运维经验的便利性也同样重要。应用不会监控自己和修复自己，尽管这样确实很好。因而企业不得不招聘或保留原来的运维人员，因为使用新语言和框架对开发者而言是同样耗时的。

1.5 本章小结

- 微服务由在单个进程内执行的单个部署组成。
- 企业级 Java 单体是一个应用，其中所有组件都包含在单个部署中。
- 企业级 Java 微服务是使用企业级 Java 框架开发的微服务。
- 企业级 Java 单体不适合快速发布节奏。
- 实施微服务并不是灵丹妙药，需要全面考虑才能成功实施。
- 从单体迁移到微服务最好采用混合模式。
- 在决定实现微服务之前，不应忽视企业采用企业级 Java 开发的历史。

第 2 章

开发一个简单的RESTful 微服务

本章涵盖:
- 介绍单体应用 Cayambe
- 开发一个简单的 RESTful 应用
- 将这个简单的 RESTful 应用打包成一个微服务
- 理解如何使用企业级 Java 进行微服务开发

本章会介绍 Cayambe 单体。Cayambe 单体将贯穿整本书，为开发企业级 Java 微服务提供帮助。每个微服务都会在第 10 章成为新混合单体的一部分。

2.1 Cayambe 单体

Cayambe 是一个在 15 年前就不再被维护的电子商务网站,因此需要认真地进行现代化。我们可以很容易地从图 2.1 的主页中看出, 它与我们今天看到的现代网站大不相同。

图 2.1 Cayambe 主页

在图 2.2 中可以看到，Cayambe 是一个 EAR 部署，包含了三个 WAR，一个被多个 UI 共用的 JAR，以及一个包含了与数据库交互的 EJB(Enterprise Java Bean，企业级 Java Bean)和 DAO(Data Access Object，数据访问对象)的 JAR。

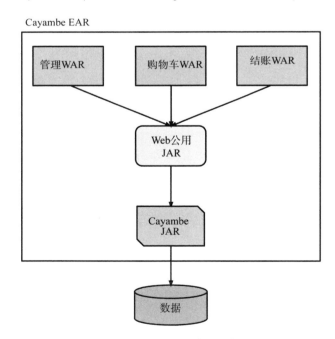

图 2.2 Cayambe 单体架构

通过本书，将把 Cayambe 迁移到一系列的部署中，如图 2.3 所示。第 10 章会描述 Cayambe 的更多细节，并且会把接下来的几章中开发的微服务集成到这个单体上。

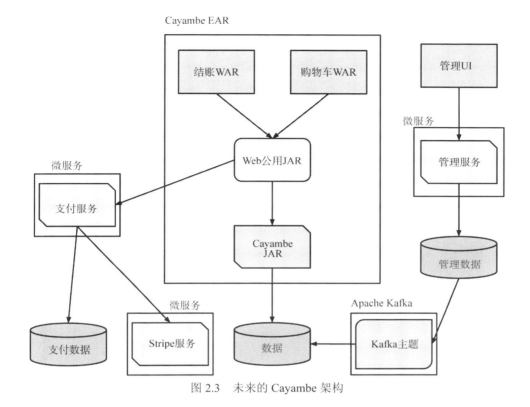

图 2.3　未来的 Cayambe 架构

2.2　新管理站点

作为把 Cayambe 变得现代化的一部分，将拆分出管理站点，这样就可以在不扩展管理部分的前提下，扩展站点的顾客部分。

首要任务是开发一个 JAX-RS RESTful 微服务，提供必要的管理端点，并使用 ReactJS 开发一个新 UI。如果你已经熟悉 JAX-RS，将会再次看到这些先验知识。

图 2.4 是当前 Cayambe 的管理界面。除了主类别 Transportation，无法在 UI 上查看或更新类别。

图 2.4　老 Cayambe 管理界面

这个界面非常不理想，所以接下来开始开发一个新管理站点和微服务，用来管理产品的类别。

图 2.5 展示了使用 ReactJS 开发的新管理界面，以及以树状形式展示的类别数据。

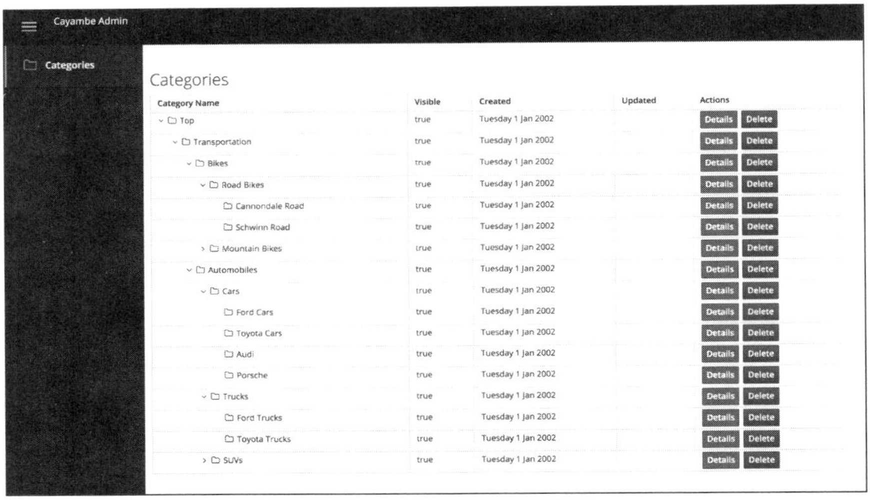

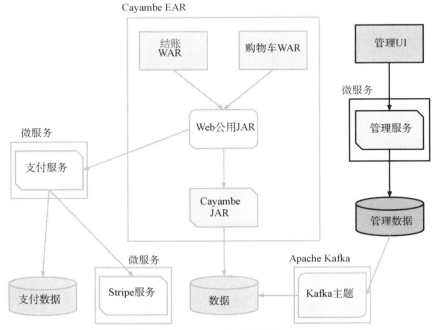

图 2.5　新 Cayambe 管理界面

图 2.6 展示了本章中开发的 RESTful 微服务在最终的新 Cayambe 架构中所处的位置。

图 2.6　Cayambe 管理微服务和 UI

下面深入介绍如何创建所需的 RESTful 微服务，并让新接口能够工作。

2.2.1　用例

在本章中你将专注在开发类别管理的部分，但还要在某些时候从以前的管理站点迁移其他部分。这么做的好处是把学习的内容从多个问题域简化成单一的问题域，并专注在实现类别管理所需的代码即可。

作为类别管理的一部分，需要支持类别的创建(Create)、读取(Read)、更新(Update)和删除(Delete)，即 CRUD 操作。这个过程无疑不是开发 RESTful 端点中最有趣的部分，但大多数服务在它们的核心部分需要一些类型的 CRUD 操作。

UI 会调用微服务上的 CRUD 操作来维护类别。微服务的 RESTful 端点可以被任何客户端调用，但你将会使用 UI 展示这些操作。图 2.7 详细描述了在 UI 上管理类别时的状态和它们之间的转换。

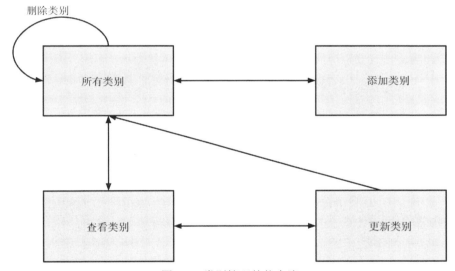

图 2.7　类别管理的状态流

2.2.2　应用的架构

暂且忽略微服务，应用的架构将与图 2.8 类似。在展现层中，使用 ReactJS 构建 UI，尽管本章不会介绍 UI 的开发。API 层包含了使用 JAX-RS 处理类别的

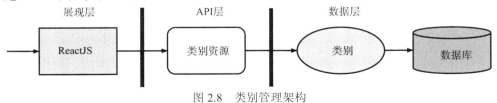

图 2.8　类别管理架构

RESTful 端点。最后,与物理数据库交互的数据层中包含了类别的 JPA 实体。API
层负责与数据层交互来持久化对记录的更新。

可以把 API 层与使用到的服务分离,将这些服务放在数据层之上的业务层。
但我选择移除不必要的层来简化架构。所有的分层应该被打包到用来部署到应用
服务的单个 WAR 中。当转向微服务时,这个架构会发生什么变化呢?见图 2.9。

可以看到,服务端的分层被包围在单个的微服务中。UI 被打包进自己的 WAR
中,并被部署到独立的运行时中。此时应用架构被拆分成独立的可部署部分:UI、
一个微服务和一个数据库。

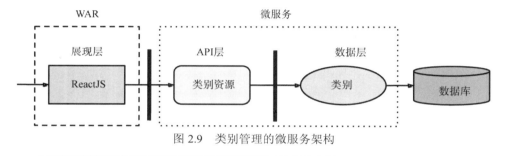

图 2.9 类别管理的微服务架构

注意 本例选择把 UI 打包成一个 WAR。然而,由于它仅是 HTML/CSS/JS 文件,
因此也可以使用任何打包和部署静态站点的工具。

因为已经把 UI 和服务拆分成独立的运行时,所以需要添加跨源资源共享
(Cross-Origin Resource Sharing,CORS)的支持。否则,浏览器会阻止 UI 创建发送
给微服务的 HTTP 请求。为此,微服务需要一个过滤器。见代码清单 2.1。

代码清单 2.1 CORSFilter

```
@Provider
public class CORSFilter implements ContainerResponseFilter {

    @Override
    public void filter(ContainerRequestContext requestContext,
        ContainerResponseContext responseContext) throws IOException {
      responseContext.getHeaders().add("Access-Control-Allow-Origin", "*");
      responseContext.getHeaders()
       .add("Access-Control-Allow-Headers", "origin, content-type, accept,
➥authorization");
      responseContext.getHeaders().add("Access-Control-Allow-Credentials",
➥"true");
      responseContext.getHeaders()
       .add("Access-Control-Allow-Methods", "GET, POST, PUT, DELETE, OPTIONS,
➥HEAD");
      responseContext.getHeaders().add("Access-Control-Max-Age", "1209600");
```

```
    }
}
```

提示　请记住 UI 从哪里获取数据，以及是否需要考虑 CORS。当 RESTful 调用看似无缘无故地失败时，不这么做会很容易导致令人沮丧的 UI 漏洞。另外，如果 UI 使用了 API 网关来与微服务交互，那么配置 API 网关来直接处理 CORS，而不是在微服务中处理 CORS。

2.2.3　使用 JAX-RS 创建 RESTful 端点

为了让这个微服务保持简单，将专注在 RESTful 端点、API 层，并忽略数据库所需的 JPA 实体的开发。此时假设另一类开发者已经编写了它们！请放心，这类开发者已经将其添加到项目代码中。

除了 JPA 实体，这类开发者还提供了方便的 load.sql 文件，它包含了初始的类别。当应用启动时会使用它填充数据库。

图 2.10 展示了在本节中要开发的部分。相关代码位于本书示例代码中的 /chapter2/admin：

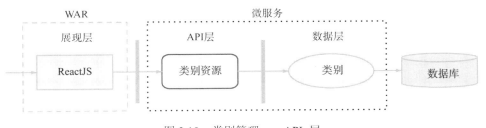

图 2.10　类别管理——API 层

在本节中将开发 CategoryResource。CategoryResource 会专注于对来自 RESTful 端点的可用类别数据执行 CRUD 操作。它使用@Path 注解为控制器指定了 RESTful 的路径为/category。使用 CDI 定义并注入 EntityManager，它提供了在数据库上执行操作的方法。

注意　尽管很多人会争论说，CRUD 对于 RESTful 服务来说并不合适，但是，开发者通常以这种方式将 RESTful 应用到现有的 CRUD 上。Leonard Richardson 在 Richardson 成熟度模型中定义了很多级别的 REST。超媒体即应用状态的引擎(Hypermedia as the Engine of Application State，HATEOAS) 是这个模型中最复杂和困难的级别。本书中的例子并不会遵循 REST 的 HATEOAS 级别，主要是因为很多企业级开发者在日常工作中并不熟悉它。对于这个成熟度模型的更新信息，可以查看 http://mng.bz/vMPk 和 https://restfulapi.net/richardson-maturity-model/。

默认情况下,所有 JAX-RS 资源的实例仅在每个请求中是有效的。如果不做修改,那么每个请求都将花费时间来创建并注入 EntityManager 实例。这并不会对性能产生显著影响,但如果能避免这种情况,就应该避免。为了避免重新创建 EntityManager,需要使用@ApplicationScoped 标记它。这会告诉运行时,CategoryResource 的生命周期由 CDI 而不是 JAX-RS 管理。需要定义一个 JAX-RS 的应用类来定义微服务的根路径。见代码清单 2.2。

代码清单 2.2　AdminApplication

```
@ApplicationPath("/admin")
public class AdminApplication extends Application {
}
```
为应用的根路径定义 RESTful URL

这就是要对这个类所做的一切。由于让 CDI 管理 CategoryResource 的生命周期,因此不需要在 JAX-RS 中配置任何单例。现在应该开发类别的 CRUD 操作所需的 RESTful 端点了。

1. 查看所有类别

应用的主要页面是一个树状的类别。在页面上填充这个列表需要一个 RESTful 端点,以便从数据库中获取所有的类别。见代码清单 2.3。

代码清单 2.3　CategoryResource 上的@GET

```
@Path("/")
public class CategoryResource {

    @PersistenceContext(unitName = "AdminPU")
    private EntityManager em;

    @GET
    @Path("/categorytree")
    @Produces(MediaType.APPLICATION_JSON)
    public CategoryTree tree() throws Exception {
        return em.find(CategoryTree.class, 1);
    }

    ...
}
```

@GET 表明这个方法仅接受 HTTP GET 请求

为 EntityManager 指定特定的持久化单元 AdminPU

指向端点的 RESTful URL 被设置为/categorytree

表明方法返回的数据已经被序列化为 JSON 格式

使用注入的 EntityManager 和主键 1 找到 CategoryTree 实例

返回一个 CategoryTree 作为根类别。其他类别会作为根类别的子类别来检索

2. 删除类别

有了类别后,需要能够删除不再使用的旧类别。此时需要添加一个从数据库

中删除类别的 RESTful 端点，如代码清单 2.4 所示。

代码清单 2.4　CategoryResource 上的@DELETE

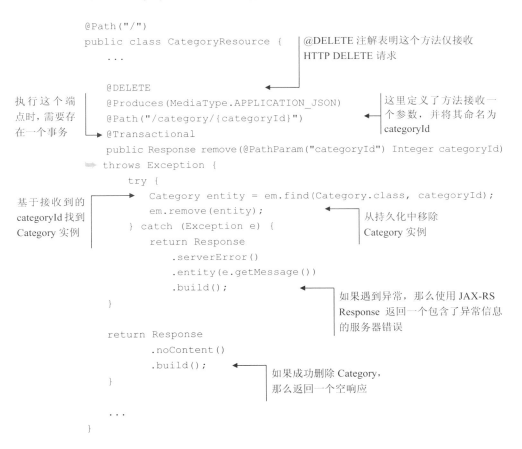

```
@Path("/")
public class CategoryResource {
    ...

    @DELETE
    @Produces(MediaType.APPLICATION_JSON)
    @Path("/category/{categoryId}")
    @Transactional
    public Response remove(@PathParam("categoryId") Integer categoryId)
    throws Exception {
        try {
            Category entity = em.find(Category.class, categoryId);
            em.remove(entity);
        } catch (Exception e) {
            return Response
                .serverError()
                .entity(e.getMessage())
                .build();
        }

        return Response
            .noContent()
            .build();
    }

    ...
}
```

@DELETE 注解表明这个方法仅接收 HTTP DELETE 请求

这里定义了方法接收一个参数，并将其命名为 categoryId

执行这个端点时，需要存在一个事务

基于接收到的 categoryId 找到 Category 实例

从持久化中移除 Category 实例

如果遇到异常，那么使用 JAX-RS Response 返回一个包含了异常信息的服务器错误

如果成功删除 Category，那么返回一个空响应

3. 添加新类别

有时需要添加新类别，为此需要一个 RESTful 端点，将新类别添加到数据库中。见代码清单 2.5。

代码清单 2.5　CategoryResource 上的 @POST

```
@Path("/")
public class CategoryResource {
    ...

    @POST
```

@POST 表明这个方法仅接收 HTTP POST 请求

表明这个方法仅接收可以被反序列化为 Category 实例的 JSON 数据

```
@Path("/category")
@Consumes(MediaType.APPLICATION_JSON)
@Produces(MediaType.APPLICATION_JSON)
@Transactional
public Response create(Category category) throws Exception {
```

如果设置了类别的 ID，那么返回 409 响应状态，以表明与尝试创建的记录之间的冲突

```
    if (category.getId() != null) {
        return Response
                .status(Response.Status.CONFLICT)
                .entity("Unable to create Category, id was already set.")
                .build();
    }
```

把新的 Category 持久化到数据库中

```
    try {
        em.persist(category);
    } catch (Exception e) {
        return Response
                .serverError()
                .entity(e.getMessage())
                .build();
    }
    return Response
            .created(new URI(category.getId().toString()))
            .build();
}
...
}
```

作为响应的一部分，把它的位置路径设置为新 Category 的地址(包含了新 Category 的标识符)

此外，CategoryResource 还定义了获取和更新类别的 RESTful 端点。这些附加方法的代码在第 2 章的源代码中。

2.2.4   运行

尽管你已经表明 RESTful 端点是一个管理微服务，但是开发出来的代码也可以被构建为一个 WAR，并部署到应用服务器上。

由于涉及的 UI 只与一个微服务进行通信，因此它与已有的使用 WAR 的企业级 Java 开发并无区别。这种相似性的优势是，如果不需要修改微服务的生产者的代码，那么把现存的企业级 Java 代码迁移到微服务会更简单。

为了在示例中体会更多的微服务的感觉，用 Thorntail 将其打包为一个 uber

jar。Thorntail 提供了另一个把应用打包为 WAR 或 EAR，并将其部署到完整的 Java EE 应用服务器的方式。它允许你从 WildFly 中选择所需的部分，并将它们打包为一个可以从命令行运行的 uber jar。第 3 章将详细介绍 Thorntail 的特性。为了运行服务，需要在 pom.xml 中添加代码清单 2.6 中的插件。

代码清单 2.6　Maven 插件配置

```
<plugin>
  <groupId>io.thorntail</groupId>
  <artifactId>thorntail-maven-plugin</artifactId>
  <version>${version.thorntail}</version>        ◄── 最新版本的 Thorntail
  <executions>
    <execution>
      <id>package</id>
      <goals>                                     在插件被执行时，运
        <goal>package</goal> ◄──                  行 package 目标
      </goals>
    </execution>
  </executions>
  <configuration>
    <properties>                                  指定端口偏移量为
                                                  1，因此微服务会在
                                                  端口 8081 启动
      <thorntail.port.offset>1</thorntail.port.offset> ◄──
    </properties>
  </configuration>
</plugin>
```

这就是从文件夹中运行微服务和打包成 uber jar 所需的一切工作。然后如何运行？又运行什么？包括两部分：UI 和微服务。如果不想使用 UI 而想直接测试 RESTful 端点，那么只需要启动微服务即可。

1. 启动微服务

打开终端或命令行窗口，进入本书示例代码的 /chapter2/admin 文件夹。在这个目录中，执行下面的命令：

```
mvn thorntail:run
```

它会启动包含了 RESTful 端点的管理微服务。在日志显示微服务已经部署后，就可以在浏览器上打开 http://localhost:8081/admin/category。浏览器将加载类别数据，并以 JSON 格式展示。现在微服务已经在运行，下面运行 UI。

2. 启动 UI

打开终端并进入本书示例代码的/chapter2/ui 文件夹。在这个目录中，执行：

```
mvn package
java -jar target/chapter2-ui-thorntail.jar
```

这会把 UI 打包成一个 uber jar，然后启动这个包含了 Web 服务器和只有 UI 代码的 uber jar。在日志显示其已经部署后，在浏览器中打开：

```
http://localhost:8080
```

浏览器会加载包含了 Cayambe 类别数据的用户界面，如图 2.5 所示。在二者各自的终端里按下 Ctrl+C 键，就可以分别终止微服务和 UI。

2.3   本章小结

- 可以使用 JAX-RS 开发一个类别管理微服务。
- 通过企业级 Java，可以很容易地创建 RESTful 微服务。
- 在企业级 Java 和微服务上开发 RESTful 端点没有区别。
- 可以很容易地把企业级 Java 的经验转移到企业级 Java 微服务的开发中。

第 *3* 章

恰如其分的微服务应用服务器

本章涵盖:

- 什么是恰如其分的应用服务器?
- 什么是 MicroProfile?
- 哪些运行时支持恰如其分的应用服务器?
- 如何比较恰如其分的应用服务器?

本章会探讨"恰如其分的应用服务器"(Just enough Application Server, JeAS)背后的理念,以及开发者在使用 JeAS 进行企业级 Java 微服务开发时的运行选项。首先,本章会定义 JeAS,并将其与 Java EE 进行比较。为了帮助讨论,假设有一个需要多个规范的微服务,以便可以针对不同的 JeAS 运行时所能提供的东西来评估微服务的需求。作为比较的一部分,将会详细介绍每一个 JeAS 运行时,以及它们在我们开发 Beach Vacation shopping 应用时的区别。

3.1 恰如其分的应用服务器

术语"恰如其分的应用服务器"已经被使用了数年,但是,通常情况下,它都与手动裁剪完整的应用服务器并进行定制有关。只有在微服务流行之后,JeAS 才成为企业级 Java 的关键。本节会介绍什么是 JeAS,它的好处,以及同一个示例在不同 JeAS 运行时下如何开发。

3.1.1　什么是 JeAS

假定需要开发一个微服务并与诸如 SAP 的企业信息系统(Enterprise Information System，EIS) 进行交互，来获取每个雇员的人力资源(HR)信息。已经为这个微服务选择了 JAX-RS、CDI 和 JMS。如果要开发一个部署到典型的 Java EE 应用服务器的微服务，那么很可能会在完整的 Java EE 平台上完成它，如图 3.1 所示。

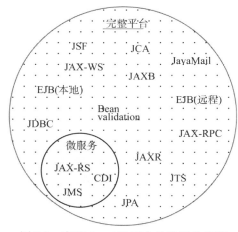

图 3.1　完整 Java EE 平台的微服务规范

如图 3.1 所示，这个完整平台上有很多你不会用到的规范，但是，即使不需要它们，它们也依然在那里。这个完整平台包含了 33 个 JSR，你可能并不总是需要这么多的规范。

也许可以使用一个 Java EE Profile 对其进行瘦身？现在你只有唯一的选择。我们试试 Web Profile，看看它如何运作。如图 3.2 所示。

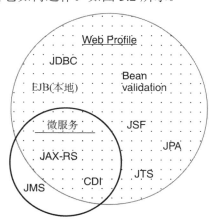

图 3.2　Java EE Web Profile 的微服务规范使用

这个做法减少了未使用的规范，但现在有一个问题，JMS 并不属于 Web Profile。你仍旧可以在微服务中添加一个 JMS 的实现，作为部署的一部分；但它不再自动地成为技术栈的一部分，并且可能需要更多的配置，而在使用完整平台时并不需要这些配置。

答案是什么？JeAS 能帮忙吗？JeAS 到底是什么？简而言之，JeAS 反转了应用服务器和应用之间的关系，它确保只对应用服务器中那些应用所需的部分进行打包。在之前的微服务示例中，你很清楚需要 JMS，所以选择了应用服务器的完整平台。但是，你也清楚应用不会使用应用服务器的绝大部分。

Java EE Profile

从 Java EE 6 开始，开发者可以选择一个 Profile 或者完整平台作为应用服务器。你可能不熟悉这些选项，下面提供了完整平台和 Web Profile 包含的规范的概览。

特性	Web Profile	完整平台
EJB(本地)	✔	✔
JTS/JTA	✔	✔
集群	✔	✔
Servlet	✔	✔
JSF	✔	✔
JPA	✔	✔
JBDC	✔	✔
CDI	✔	✔
Bean validation	✔	✔
JAX-RS	✔	✔
JSON-P	✔	✔
EJB(远程)		✔
JCA		✔
JAX-WS		✔
JAXB		✔
JMS		✔
JavaMail		✔
JAX-RPC		✔
JAXR		✔

许多应用服务器提供一定的灵活性，可以通过移除组件和相关配置来裁剪其发行版。有很多曾经与我一起工作的客户都采取了这种方法。但是找到正确的组

合并确保应用服务器能够正常工作，在一定程度上依然需要很多次的试错。在一些情况下，甚至会出现你想移除一个组件但不得移除的时候，这通常是因为这个组件是应用服务器的一个关键部分。

为不同的应用定制不同的应用服务器的做法，会迅速发展成管理和维护一组复杂的不同配置的境况。这种情况下，开发者一向选择让生活简单并选择完整平台，而不是花费时间来对应用服务器进行瘦身。他们选择接受不使用应用服务器的所有组件所带来的额外开销。

多年来，一些应用服务器——比如 WildFly——已经致力于减少那些不被使用的组件所占用的空间。尽管不同组件所需的依赖已经在 classpath 中，但是应用服务器足够聪明，如果部署的应用不需要它们，就不会将这些类加载到内存中。目前为止只能做到这些，因为无论应用本身需求与否，很多组件对于应用服务器的功能来说过于重要。

JeAS 位于图 1.4 中的微服务架构中的哪个地方呢？看看图 3.3。

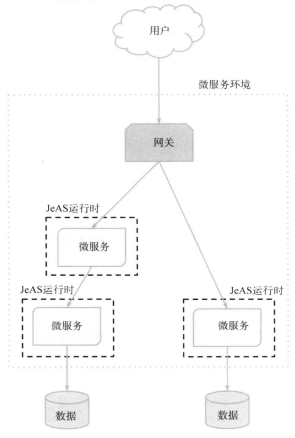

图 3.3　在微服务架构中使用 JeAS 作为运行时

由此可以看出，JeAS 的关注点在于微服务所需的运行时。一个 JeAS 运行时的目标是为微服务提供一个简化的应用服务器，但这种办法的实现方式各有不同。

JeAS 运行时提供了一个简单和可管理的方式来让应用服务器只包含应用所需的部分。就所包含的内容而言，有些运行时比其他运行时更灵活，稍后将介绍这些细节。

选择哪个 JeAS 运行时会影响微服务可用到的软件包。然而，驱动选择的因素始终应该是 JeAS 运行时提供了什么，而不是哪些需要打包。

3.1.2　JeAS 的优点

在上一节的 SAP 微服务中，你看到了应用依赖小规模 Web Profile 的缺陷。它需要添加更多的库并配置库，以便能够与应用服务器的其他部分协同工作。

作为开发者，我们想高效地使用时间，开发新特性或者修复漏洞。我们不想没完没了地基于应用的不同需求来配置应用服务器。通常，我们会出于简单性选择完整平台。

使用完整平台有什么大问题？确实，大部分的东西现在你可能用不到，但是总有一天会用到，对吗？当然，在一些情况下，应用会发展到使用原始设计之外的一个或两个额外的规范。如果一个应用突然发展到使用完整平台的所有规范，那是令人质疑的。如果确实如此，很可能需要重新设计应用，因为对于单一的应用来说，它包含了太多的特性。因此，完整平台应用服务器的很大一部分没有被使用。

假如应用服务器并不是一刀切的，是不是很好？这正是 JeAS 要解决的用户案例之一，即对于给定的应用，允许开发者选择所需服务器的特性或规范。

为什么这很重要？如果一个应用只需要 servlet，就可以部署到一个只包含 servlet 的 JeAS 运行时中。有了 JeAS 运行时，如果应用需要添加新特性，比如 JAX-RS，那么开发者可以选择把这个特性当作一个独立的部分添加到 JeAS 运行时中。于是已经没有必要在仅有的两个 Java EE 中做出选择，或者尝试自行定制应用服务器。

这种灵活性意味着 JeAS 运行时有很多优点：

- 减小了包的大小——与绑定了部署应用服务器的应用比较而言。
- 减少了分配内存——减少多少内存依赖于很多因素，比如不再加载的类的数量。
- 减少了安全足迹——为各种特性打开的端口越来越少，运行的服务也越来越少。此外，对于潜在的关键漏洞(Critical Vulnerability，CVE)，暴露面也显著减少了。
- 应用之间更大的分离——过去，很多应用通常被部署到同一个应用服务器中。

● 简化的升级——升级只会影响单一的应用。

应用之间的更大分离意味着很多事情,因此需要对其做更多的解释。过去几年中,企业级 Java 应用已经被部署到生产环境,一个应用服务器很少只包含单一的应用。通常,一个应用服务器会在一个实例上随时随地地运行几个到几十个应用。

可以在图 3.4 中看到,相对于运行在传统的 Java EE 应用服务器中的应用,JeAS 运行时提供了不同微服务之间更大的隔离。

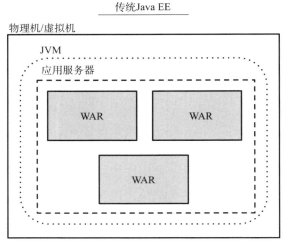

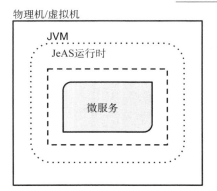
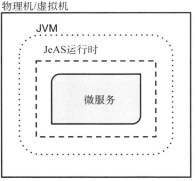

图 3.4　传统 Java EE 和 JeAS 运行时的对比

为什么会这样?在历史上,最大的原因是成本——不仅是应用服务器的成本(通常来说并不低廉),还有运行单个应用服务器所需的所有物理硬件。当然,在过去的十年中,受益于改进的虚拟机和最近几年崛起的容器技术,生产环境所需的物理硬件的数量已经显著降低——同时,企业的生产环境的成本也降低了。

有了 JeAS 运行时，在一台物理硬件上运行它的大量实例变得可能(暂且忽略容器技术)。每一个 JeAS 运行时都在自己的进程中运行，与其他进程隔离，这样防止了在一台应用服务器上并置多个应用的常见问题：换句话说，一个应用的故障引起整个应用服务器(以及运行于其上的所有应用)以不可恢复的方式产生故障。

3.1.3　Eclipse MicroProfile

对于在过去几年里关注企业级 Java 和微服务的人来说，可能已经听说过 Eclipse MicroProfile。它是一个倡议"为微服务优化企业级 Java"的社区，由 Red Hat、IBM、Tomitribe、Payara 和 London Java Community 合作形成。最初形成之后，该社区已经迁移到 Eclipse Foundation。

它的第一个版本使用 JAX-RS、CDI 和 JSON-P 构成基础 Java EE 技术，现在已经超过了 1.3 版本。经历了多个版本后，截至目前，它包含了 8 个新 MicroProfile 规范。表 3.1 详述了每个 MicroProfile 发布中包含的规范。

表 3.1　历次发布的 MicroProfile 规范

规范	1.0 (Sep 2016)	1.1 (July 2017)	1.2 (Sep 2017)	1.3 (Jan 2018)
JAX-RS	✔	✔	✔	✔
CDI	✔	✔	✔	✔
JSON-P	✔	✔	✔	✔
Config		✔	✔	✔
Fault tolerance			✔	✔
JWT propagation			✔	✔
Metrics			✔	✔
Health check			✔	✔
Open tracing				✔
Open API				✔
Type-safe REST client				✔

这个社区的目标是每个季度发布一次。尽管 1.0 版本在提交到 Eclipse Foundation 之后出现了延迟，但这个项目几乎总会按照这个时间表进行。按照 Eclipse Foundation 的要求，它需要花费时间来审查现有的项目代码和文档。

Eclipse MicroProfile 为企业级 Java 微服务创建规范，好处是微服务可以在支持 Eclipse MicroProfile 的 JeAS 运行时之间迁移。当然，必然有一些 JeAS 运行时并不会实现这些规范，也有一些 JeAS 提供了比规范更多的灵活性。它的目标不是涵盖企业级 Java 微服务开发中的所有可能的用例，而是通过协作来确定在这些有主见的技术栈上能够涵盖哪些东西，以便涵盖主要用例。

目前 MicroProfile 交付的功能已经解决了企业级 Java、微服务和云的问题。它以协作和包容的方式运作，更多的个人贡献者和供应商在前进的过程中付出了努力。

3.2　选择恰如其分的应用服务器

现在是时候为企业级 Java 微服务评估最流行的运行时了。接下来将在开发一个简单的微服务的过程中展示各个框架的不同之处，包括代码和每个框架的特性的不同。

本书源代码中包含了每个运行时下的示例应用的完整代码(见 https://github.com/kenfinnigan/ejm-samples)。

3.2.1　海滩度假示例应用

海滩度假示例应用是一个简单的购物车，它包含 RESTful 接口和一个代表购物车商品的类。你将使用每个人在海滩度假中所需的商品来预填充购物车！为简单起见，只需要在 CartItem 中保存名称和数量。见代码清单 3.1。

代码清单 3.1　CartItem

```java
public class CartItem {
    private String itemName;          ←── 商品的名称

    private Integer itemQuantity;     ←── 购买数量

    public CartItem(String name, Integer qty) {   ←──┐ 使用提供的名称和数量,构
        this.itemName = name;                        │ 造一个 CartItem 的实例
        this.itemQuantity = qty;
    }

    public String getItemName() {
        return itemName;
    }

    public CartItem itemName(String itemName) {
        this.itemName = itemName;
        return this;
    }

    public Integer getItemQuantity() {
        return itemQuantity;
    }

    public CartItem itemQuantity(Integer itemQuantity) {
        this.itemQuantity = itemQuantity;
```

```
        return this;
    }

    public CartItem increaseQuantity(Integer itemQuantity) {    ◄──
        this.itemQuantity = this.itemQuantity + itemQuantity;
        return this;
    }
}
```

通过指定数量
来增加数量的
简便方法

　　另一部分是 RESTful 接口。为了保持简单，不会使用数据库保存这些商品，只需要将数据库保存在内存即可。CartController 将初始化商品列表，以便把它作为购物车的基础。代码清单 3.2 是简单的控制器代码，这样就可以在随后的类和方法中清楚地看到每个框架所需的东西。它提供了三个可以通过 REST 访问的方法：all()、addOrUpdateItem() 和 getItem()。最复杂的是 addOrUpdateItem() 方法，它负责在购物车中增加现有商品的数量或添加新商品。

代码清单 3.2　CartController

```
public class CartController {
    private static List<CartItem> items = new ArrayList<>();

    static {
        items.add(new CartItem("sunscreen", 3));    ◄──
        items.add(new CartItem("towel", 1));
        items.add(new CartItem("hat", 5));
        items.add(new CartItem("umbrella", 1));
    }

    public List<CartItem> all() throws Exception {
        return items;    ◄──
    }

    public String addOrUpdateItem(String itemName, Integer qty) throws
      Exception {
        Optional<CartItem> item = items.stream()
                .filter(i -> i.getItemName().equalsIgnoreCase(itemName))
                .findFirst();

        if (item.isPresent()) {    ◄──
            Integer total =
item.get().increaseQuantity(qty).getItemQuantity();
            return "Updated quantity of '" + itemName + "' to " + total;
        }

        items.add(new CartItem(itemName, qty));    ◄──
        return "Added '" + itemName + "' to shopping cart";
    }

    public CartItem getItem(String itemName) throws Exception {
        return items.stream()
                .filter(i -> i.getItemName().equalsIgnoreCase(itemName))
                .findFirst()
```

在购物车中填充海滩度假
所需要的常用商品

返回当前购物车中
所有的商品

检查是否通过名称找到商品。
如果是，则更新数量

把所有购物车商品
转换成流，以便查找
匹配的商品

购物车中没有这个商
品，进行添加

```
                .get();  ◄─────
        }                      │   过滤所有商品,以便找到匹
}                                  配名称的商品
```

现在已经有了海滩度假购物应用所需的两个主要类。接下来将基于特定的需求针对每个 JeAS 运行时修改这两个类。

注意 下面的例子并不总是遵循合适的 REST HTTP 动词和语义。这些例子阐述了不同运行时的对比,而不是正确的 REST 模式。

3.2.2 Dropwizard——原始的有主见的微服务运行时

Dropwizard 提供了一个小型的 JeAS 运行时,它对开发者构建微服务所需的东西很有主见。对 Dropwizard 来说,这意味着:

- 使用 Eclipse Jetty 作为 HTTP 服务器。
- 使用 Jersey 作为 RESTful 端点。
- 使用 Jackson 转换数据和 JSON。
- 使用 Hibernate 校验器。
- 使用 Dropwizard Metrics 提供生产环境下的代码行为的洞察。

除了上面这些,Dropwizard 还提供了让开发微服务变得简单的库。请在 http://www.dropwizard.io 查看完整的列表。

如果应用所需的某些库并不在 Dropwizard 中,那么需要在项目中添加必要的 Maven 依赖,以及这些库所需要的配置。

注意 Dropwizard 开始于 2011 年,并且是第一个为微服务组合而成的有主见的 JeAS 运行时。Dropwizard 目前是 1.3.0 版本。

我们回到先前讨论的使用 JAX-RS、CDI 和 JMS 的微服务示例上。图 3.5 展示了这种微服务在 Dropwizard 中的样子。

当微服务不仅使用 Java EE 中的 JAX-RS 时,很显然需要添加和集成其他东西,但添加和集成的可能不是最实用的选项,因为它需要在开发任何代码之前做更多的搭建工作。

基于这个原因,Thorntail(而不是 Dropwizard) 成为我首选的企业级 Java 微服务的运行时。

图 3.5 Dropwizard 中的微服务用法

Dropwizard 仅包含了必选的一小部分。在把现有的企业级 Java 应用转换为微服务时尤其正确,因为你不想把所有代码重写为不同的技术。理想情况下,你想使用不同的方式来打包现有的项目,以便与 JeAS 运行时一起使用。

回到海滩度假购物车的例子，以下使用 Maven archetype 生成一个 Dropwizard 项目：

```
mvn archetype:generate -DarchetypeGroupId=io.dropwizard.archetypes
➡ -DarchetypeArtifactId=java-simple -DarchetypeVersion=1.0.9
```

有了这个项目之后，修改这些基础代码，以便其能够与 Dropwizard 一起使用。第一个修改很容易：为 CartItem bean 添加一个默认的构造函数。

还需要修改 CartController，以便让它更符合 RESTful 风格。首先需要定义 RESTful 路径以使其可以被访问。见代码清单 3.3。

代码清单 3.3　CartController 的 RESTful 路径

```
@Path("/")
public class CartController {
}
```

然后需要在方法上添加 JAX-RS 注解。见代码清单 3.4。

代码清单 3.4　CartController 的使用注解的方法

```
@GET
@Produces(MediaType.APPLICATION_JSON)          ◀──  表明这个方法仅支持
public List<CartItem> all() throws Exception {}      HTTP GET 请求

@GET
@Path("/add")          ◀── 通过/add 访问端点
public String addOrUpdateItem(                         通过 URL 传递的
    @QueryParam("item") String itemName,               方法参数，比如
    @QueryParam("qty") Integer qty) throws Exception {  /add?item=hat&
}                                                       qty=2

@GET
@Produces(MediaType.APPLICATION_JSON)          定义为 URL 路径一部分的
@Path("/get/{itemName}")                        参数，比如/get/hat
public CartItem getItem(
    @PathParam("itemName") String itemName) throws Exception {  ◀──
}
```

上面添加的 JAX-RS 注解并不令人意外，因为它们是 RESTful 端点的常见用法。这三个方法都使用了@GET 注解。all()和 getItem()方法都会生成 JSON 输出，所以添加@Produces 来表明媒体类型为 JSON。addOrUpdateItem()方法可通过 URL 路径/add 访问，同时给方法参数添加了必要的@QueryParam 定义。在方法被调用时，基于@QueryParam 定义的名字，URL 查询参数会被映射为参数。最后，getItem()指定了一个 URL 路径，定义了路径参数@Path("/get/{itemName}")，通过在方法参数上设置@PathParam("itemName")，路径里的参数会传给方法。

注意　我们使用@GET 定义了 CartController.addOrUpdateItem()，这确实破坏了
　　　正常的 RESTful 语义；这并不是一个幂等的操作，因为你会修改数据。但
　　　我纯粹是为了简单性而使用了这个路由，这是因为对象模型只有两个字段，
　　　并且可以通过在浏览器上输入 URL 来直接调用这个端点，而不需要在测试
　　　时通过 curl 和浏览器扩展来发送 POST 数据。

现在需要添加自定义的类，以便让 Dropwizard 知道需要运行什么，以及它
是如何配置的。首先，需要创建一个配置类，这个类指定了应用所需的任何特
定于环境的参数。本例中，你不需要担心环境参数，因此这个类可以为空。见
代码清单 3.5。

代码清单 3.5　Chapter3Configuration

```
public class Chapter3Configuration extends Configuration {
}
```

最后，需要扩展来自于 Dropwizard 的 Application，以便指定需要运行的东西。
见代码清单 3.6。

代码清单 3.6　Chapter3Application

```
public class Chapter3Application extends Application<Chapter3Configuration> {

    public static void main(final String[] args) throws Exception {      ◀──── Dropwizard 用它来启动应用
        new Chapter3Application().run(args);
    }

    @Override
    public String getName() {
        return "chapter3";
    }

    @Override                                                             在这里配置在应用运行之
    public void initialize(final Bootstrap<Chapter3Configuration> bootstrap) {  ◀── 前需要设置的任何东西
    }

    @Override
    public void run(final Chapter3Configuration configuration,           使用 Jersey 来
                    final Environment environment) {                     注册 RESTful
        final CartController resource = new CartController();            端点的实例
        environment.jersey().register(resource);
    }
}
```

现在已经构建好应用，那么如何去运行？在通过 Maven archetype 创建项目
时，已经添加了必要的插件来构建 uber jar。唯一需要做的事情是确保在 pom.xml
中所有需要 mainClass 的配置上都引用创建的应用类。现在构建应用：

```
mvn clean package
```

并运行应用：

```
java -jar target/chapter3-dropwizard-1.0-SNAPSHOT.jar server
```

现在已经可以通过浏览器上的 http://localhost:8080/访问应用，它会返回购物车中的当前商品的列表。可以通过访问 http://localhost:8080/get/hat 看看购物车中的 hat 的详情，通过 http://localhost:8080/add?item=towel&qty=1 更新现有商品的数量，或者通过 http://localhost:8080/add?item=kite&qty=2 来向购物车添加新商品。

我们并没有介绍 Dropwizard 的其他特性，比如关键指标(Metrics)和健康检查(Health Checks)，可以访问 www.dropwizard.io/1.0.0/docs/index.html 查看更多信息。

3.2.3　Payara Micro ——精简到 JAR 中的 Java EE 应用服务器

Payara Micro 与 Dropwizard 类似，它也提供了一个有主见的 JeAS 运行时，并可以定义技术栈。所需的任何额外的库都需要被直接添加到应用中。

与其他运行时相比，Payara Micro 还提供了一个不同的部署模型，Payara 提供了一个可以被执行的发行版。除了可以使用 java -jar payara-micro.jar 和--deploy (即 --deploy myApp.war) 指定 WAR 来启动之外，Payara 发行版就像一个预构建的应用服务器。如果不使用--deploy 选项，它就会作为一个普通的应用服务器启动，但不会部署任何东西。

> **注意**　Payara Micro 源自 Payara，它通过 Payara Server 对 GlassFish v4.x 进行修复和改进。Payara Micro 以 Payara Server 的一个子集首次发布于 2015 年 5 月。现在的 Payara Micro 已经超过了 5.181 版本。

与在传统应用服务器中一样，能把应用部署到一个发行版中当然有优势。最大的优势是 Payara Micro 发行版可以作为 Docker 的一层。这样便可以创建一个包含这个层的 Docker 镜像，然后就可以使用 Docker 来打包不用的应用。

这种 JeAS 运行时的主要缺点是，无法移除多余的部分。若应用只需要 servlet，那么无法移除诸如 JAX-RS 的部分。这样的做法可能利大于弊，企业需要根据具体情况做出决定。后文会介绍一个更灵活的方法。

Payara Micro 提供了什么？图 3.6 比较了 Payara Micro 发行版和 Web Profile。

下面看看基于 JAX-RS、CDI、JMS 的微服务如何使用 Payara Micro。见图 3.7。

由于 Payara Micro 不包含 JMS 规范，因此需要为微服务添加一个实现。这不是大问题，但如果发行版中已经包含了这些实现，就能更容易地包含它们。不过，接下来又回到了这个问题——应用服务器包含了不被使用的部分。

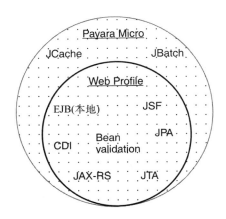
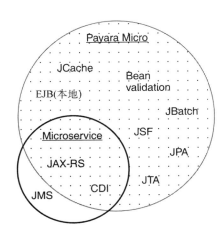

图 3.6　Payara Micro 和 Web Profile 的比较　　　图 3.7　Payara Micro 中的微服务用法

为了创建 Payara Micro 项目，就像开发一个即将被部署到应用服务器的 Java EE 应用那样，你需要创建一个普通的 Maven 项目，并添加一个 Maven 依赖项。

```xml
<dependency>
  <groupId>javax</groupId>
  <artifactId>javaee-web-api</artifactId>
  <version>7.0</version>
  <scope>provided</scope>
</dependency>
```

同时给应用可能需要的所有 API 添加访问权限。

为了通过 Jackson 使用 JAXB，还需要添加下面的依赖项：

```xml
<dependency>
    <groupId>org.glassfish.jersey.media</groupId>
    <artifactId>jersey-media-json-jackson</artifactId>
    <version>2.23.1</version>
</dependency>
```

接下来就可以修改这些基本代码，以便与 Payara Micro 一起使用。对于 CartItem bean，需要让它映射为 JAXB，创建默认的构造器，并为 setter 方法使用合适的名称。见代码清单 3.7。

代码清单 3.7　使用了 JAXB 映射的 CartItem

```java
@XmlRootElement
public class CartItem {                      让 Java 类成为
    public CartItem() {                      JAXB 映射元素
    }
    ...
    public CartItem setItemName(String itemName) {
```

```
        this.itemName = itemName;
        return this;
    }
    ...
    public CartItem setItemQuantity(Integer itemQuantity) {
        this.itemQuantity = itemQuantity;
        return this;
    }
}
```

把方法 itemQuantity()改为 setItemQuantity()

注意　Payara Micro 需要一个使用合适的 setter 方法的 bean，就像代码清单 3.7 那样。当一个 bean 包含了以构造器模式类型命名的 setter 方法时，不会正确地序列化为 JSON。

如代码清单 3.8 所示，与使用 Dropwizard 时一样，需要对 CartController 做出同样的修改，以便让它变得符合 RESTful 风格。二者都在 RESTful 端点使用了 JAX-RS API。

代码清单 3.8　使用 Payara 的 CartController

```
@Path("/")
public class CartController {
    @GET
    @Produces(MediaType.APPLICATION_JSON)
    public List<CartItem> all() throws Exception {}

    @GET
    @Path("/add")
    public String addOrUpdateItem(
        @QueryParam("item") String itemName,
        @QueryParam("qty") Integer qty) throws Exception {
    }

    @GET
    @Produces(MediaType.APPLICATION_JSON)
    @Path("/get/{itemName}")
    public CartItem getItem(
        @PathParam("itemName") String itemName) throws Exception {
    }
}
```

通过 /add 访问端点

通过 URL 传递方法参数，比如使用/add?item=hat&qty=2

参数被定义为 URL 路径的一部分，比如/get/hat

定义了 RESTful 端点后，需要告诉运行时，端点已经可用。与 Payara Micro 一起，可以使用一个自定义的 JAX-RS 的 Application 类来注册资源。见代码清单 3.9。

代码清单 3.9   使用 Payara 的 JaxrsApplication

```
@ApplicationPath("/")
public class JaxrsApplication extends Application {
    @Override
    public Set<Class<?>> getClasses() {
        Set<Class<?>> resources = new HashSet<>();
        resources.add(CartController.class);
        return resources;
    }
}
```

这里为整个应用指定了一个 URL 路径，然后把 CartController 类添加到一个类集合中。应用会将这些类提供给 JAX-RS 运行时来进行实例化。

现在已经开发好了应用，那么运行一下。在运行之前，需要从 http://www.payara.fish/downloads 下载 Payara Micro 运行时。

注意   下载了运行时之后，有必要将其命名为 payara-micro.jar 并移除版本信息。在本地运行这个文件的时候并不需要版本信息，同时省略版本信息会让命令行更加易读。

因为这是一个普通的 Maven WAR 项目，所以像往常一样构建：

```
mvn clean package
```

然后运行应用：

```
java -jar payara-micro.jar --deploy target/chapter3.war
```

现在可以在浏览器中打开 http://localhost:8080/chapter3 访问应用。它会返回购物车中当前的商品。可以访问 http://localhost: 8080/chapter3/get/hat 查看购物车 hat 的详情，访问 http://localhost:8080/chapter3/add?item=towel&qty=1 查看现有商品的数量，访问 http://localhost:8080/chapter3/add?item =kite&qty=2 把新商品添加到购物车中。

3.2.4   Spring Boot——有主见的 Spring 微服务

Spring Boot 的愿望是通过遵循惯例来替代和移除样板配置的需求。它也把注解作为一个工具，用来启用 Spring Boot 的不同部分，而不是使用配置文件启用。

Spring Boot 为项目提供了很多作为依赖项的启动器(starter)，为了微服务所需的不同的特性，它们整合了相关的库、框架和配置。比如，依赖项 spring-boot-starter-data-jpa 包含了使用 Spring 和用来访问数据库的 JPA 所需的所有东西。GitHub 上有所有可用的启动器的列表：http://mng.bz/cuQ3 。也可以看看 http://start.spring.io，基于应用所需的启动器在这个站点创建 Maven 项目。

图 3.8 展示了 JAX-RS、CDI、JMS 微服务
使用 Spring Boot 的方式。这样的微服务的最大
挑战是把使用 CDI 的代码重写为 Spring 的依赖
注入。有些选项可以让 CDI 在 Spring 中工作，
但如果想让项目继续基于 Spring，那么使用
Spring 注入的方式来重写更有意义。

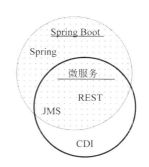

有了启动器后，Spring Boot 就可以提供一个
灵活的 JeAS 运行时，根据应用不断变化的需求，
对其进行扩展或裁剪。修改应用的功能时，只
需要添加或移除 Spring 启动器的依赖项并重建
应用。

图 3.8　Spring Boot 中的微服务用法

如果不确定需要哪个特定的启动器，请访问 http://start.spring.io 来查看
可选项。这个站点包含了一个项目生成器，是查看可选启动器和它们所提
供的功能的全景图，以及它们解决的用户案例的好地方。启动器可用于常
见的开发任务，比如数据库访问，但也可以用于微服务的编程模式，比如
断路和服务发现。

注意　Spring Boot 项目于 2012 年 10 月启动，其版本已经超过了 1.5.10。

可以使用 http://start.spring.io 创建包含了 Web 启动器的项目。它会生成一个
包含了如下依赖项的 pom.xml 文件。

现在有了项目，接下来修改基础代码来与 Spring Boot 一起使用。对于 CartItem
bean，只需要对其添加@XmlRootElement 注解。对于 CartController，需要添加必
要的注解，以便让其成为 RESTful 端点。这与基于 JAX-RS 的注解很类似，但名
称略有不同。见代码清单 3.10。

代码清单 3.10　使用 Spring Boot 的 CartController

```
@RestController                              向 Spring 指明这个类会提
public class CartController {                 供 RESTful 端点的方法
  @RequestMapping(
方法接收和    method = RequestMethod.GET,
处理 URL      path = "/",
路径/上的     produces = "application/json")
HTTP GET   public List<CartItem> all() throws Exception {}
请求
  @RequestMapping(
    method = RequestMethod.GET,
    path = "/add",
    produces = "application/json")            一个名为 item 的 URL
  public String addOrUpdateItem(             查询参数被映射到方
      @RequestParam("item") String itemName,  法的参数上
```

```
            @RequestParam("qty") Integer qty) throws Exception {
   }

   @RequestMapping(
     method = RequestMethod.GET,
     path = "/get/{itemName}",
     produces = "application/json")
   public CartItem getItem(
       @PathVariable("itemName") String itemName)
       throws Exception {
   }
}
```

这个端点期望 URL 路径变量位于/get/之后

URL 路径变量将被映射到方法参数上

控制器中的每个方法都提供了与其他 JAX-RS 示例相同的细节，但只使用了一个注解。@RequestMapping 包含了 JAX-RS 示例中@GET、@Produces 和@Path 中的所有信息。另一个不同点是，JAX-RS 中的@QueryParam 和@PathParam 分别相当于 Spring 中的@RequestParam 和@PathVariable。

注意　Spring 还为@RequestMapping 提供了快捷方式。可以使用@GetMapping (path = "/", produces = "application/json")来代替@Request-Mapping(method= RequestMethod.GET, path ="/", produces="application/ json")。

现在已经定义了 RESTful 端点，最后一步是创建 Spring Boot 应用类。见代码清单 3.11。

代码清单 3.11　Chapter3SpringBootApplication

```
@SpringBootApplication
public class Chapter3SpringBootApplication {

    public static void main(String[] args) {
            SpringApplication.run(Chapter3SpringBootApplication.class, args);
    }
}
```

这部分代码是为了让 main()方法激活@SpringBootApplication。正是这个类上添加了额外的注解，才激活了 Spring Boot 的不同部分。

现在运行应用。有了 Spring Boot，有两个选项来运行应用：
● 从命令行运行。
● 构建应用，并通过 uber jar 来运行。

不同的运行选项让开发者可以根据实际情况选择最好的方式。比如，在进行大量的交互式开发时，并不需要在每次修改后重新构建项目，因此从命令行运行的方式更快。但如果开发者想验证类生产环境的行为，那么使用 uber jar 则能更准确地反映生产环境。这并不是说一个方法与另一个方法有什么不同之处，但是在部署到真正的生产环境之前，在能够反映生产环境的环境里验证应用总是可取的。

为了不进行构建而通过执行 Maven 命令来运行应用，需要使用下面的命令启动 Spring Boot 服务器：

```
mvn spring-boot:run
```

这使用了 Spring Boot 中的 Maven 插件来执行应用，就像它已经被打包成一个 uber jar。

另一个方法是构建一个 uber jar。就像构建 Maven 项目的通常方式：

```
mvn clean package
```

然后运行应用：

```
java -jar target/chapter3-spring-boot-1.0-SNAPSHOT.jar
```

现在已经可以在浏览器中打开 http://localhost:8080 访问应用了，它会返回购物车中的当前商品的列表。你可以通过访问 http://localhost:8080/get/hat 来看购物车中 hat 的详情，通过 http://localhost:8080/add?item=towel&qty=1 来更新现有商品的数量，或者通过 http://localhost:8080/add?item=kite&qty=2 来向购物车添加新商品。

3.2.5　Thorntail——最灵活的 JeAS 运行时

Thorntail 产生的愿望是利用 WildFly 应用服务器的模块化。这种努力能把模块组合成不同的分组，并安装到服务器上。这也让 Thorntail 成为 Java EE 的最灵活的 JeAS 运行时。现在，选择与应用一起使用单个 Java EE 功能的事情变得非常简单。

Thorntail 定义了每个可以被应用包含的依赖项，比如 JPA、JAX-RS 和 Java EE 的大部分。除了 Java EE 依赖项，Thorntail 还提供了一些能够帮助开发企业级 Java 微服务的一些库的依赖项，比如 Swagger、Keycloak 等其他框架和库。

如果不确定应用可能需要哪些依赖项，那么还有很多选项。可以通过访问 http://wildfly-swarm.io/generator 并选择微服务所需的功能来创建项目骨架。选项包括 Java EE 特性和非 Java EE 特性，比如 Eclipse MicroProfile、Hibernate Search、容错性、安全性等。

如果不确定需要哪些依赖项，那么另一个开发 Thorntail 应用的选项是在 pom.xml 中添加 Maven 插件并允许插件自动检测依赖项。"自动检测"技术通过检视应用代码来确定使用了哪些 API，于是确定了需要哪些依赖项。这常常是使用 Thorntail 的最简单的方式，尤其适用于把现有的 Java EE 应用转换为微服务的时候。由于只在 pom.xml 文件中添加了一个插件，因此它能让应用的其他部分保持原状。

注意 尽管上手"自动检测"很容易，但它也意味着这个插件在打包应用时比直接指定依赖项会慢一些。

在开发者对可用的依赖项更熟悉，或者插件无法检测出所需的依赖项时，切换到直接使用 Maven 依赖项很简单。一个查看这个插件检测出了哪些依赖项的简单的方式，是在构建应用时查看日志。接下来就可以使用这个列表作为需要添加的 Maven 依赖项集合。

注意 Thorntail 项目成立于 2015 年 2 月，现在已经超过了 2.2.0.Final 版本。在 2018 年 5 月，这个项目的名称由 WildFly Swarm 改为 Thorntail。

图 3.9 说明了在 Thorntail 中 JAX-RS、CDI、JMS 微服务使用这些规范的方式。可以看到 Thorntail 准确提供了微服务所需的东西。Thorntail 提供了理想的 JeAS 运行时，因为它总是为微服务提供刚刚好的东西。没有其他的 JeAS 运行时能够如此紧扣应用的需求。其他的运行时包含了未使用的部分，或者要求应用包含额外的库。

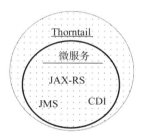

图 3.9   Thorntail 中的微服务用法

为了创建应用，将使用一个基本的 Maven WAR 项目，并添加下面的插件定义。见代码清单 3.12。

代码清单 3.12   插件配置

```
<plugin>
  <groupId>io.thorntail</groupId>
  <artifactId>thorntail-maven-plugin</artifactId>    ← Thorntail 插件的 Artifact ID
  <version>2.2.0.Final</version>    ← Thorntail 的版本
  <executions>
    <execution>
      <goals>
        <goal>package</goal>    ← 在打包阶段执行插件
      </goals>
    </execution>
  </executions>
</plugin>
```

然后把 Java EE Web API 添加到已提供的作用域内：

```
<dependency>
  <groupId>javax</groupId>
  <artifactId>javaee-web-api</artifactId>
  <version>7.0</version>
  <scope>provided</scope>
```

```
</dependency>
```

现在已经有了项目，接下来修改这些基本代码，以便它能够运行在 Thorntail JeAS 运行时中。

对于 CartItem bean，只需要给它添加@XmlRootElement 注解。CartController 需要与 Payara Micro 和 Dropwizard 一样的 JAX-RS 注解。最后，需要一个 Application 类激活 JAX-RS。见代码清单 3.13。

代码清单 3.13　使用 Thorntail 的 JaxrsApplication

```
@ApplicationPath("/")
public class JaxrsApplication extends Application {
}
```

现在可以运行这个开发完毕的应用了。使用 Thorntail，有两个运行应用的选项：
- 从命令行运行。
- 构建应用，并通过 uber jar 运行。

和 Spring Boot 一样，Thorntail 提供了一定的灵活性，让开发者根据自己的需求来选择如何运行应用。不需要使用 Maven 构建应用，可以用下面的命令启动 Thorntail JeAS 运行时：

```
mvn thorntail:run
```

上面的方式使用了 Thorntail 中的 Maven 插件来执行应用，就像它已经被打包进 uber jar。

另一个方式是构建一个 uber jar。使用通常的方式构建 Maven 项目即可：

```
mvn clean package
```

然后运行应用：

```
java -jar target/chapter3-thorntail.jar
```

现在可以在浏览器中打开 http://localhost:8080 来访问应用。它会返回购物车中当前的条目。可以访问 http://localhost:8080/get/hat 来查看购物车中 hat 的详情，访问 http://localhost:8080/add?item=towel&qty=1 来查看现有商品的数量，访问 http://localhost:8080/add?item=kite&qty=2 把新商品添加到购物车中。

3.2.6　如何比较它们

你已经看到了部分的 JeAS 运行时，以及一个暴露了 RESTful 端点的简单应用在不用运行时下的代码的不同之处。表 3.2 比较了 JeAS 运行时的不同特性。

表 3.2 JeAS 运行时的比较

Feature	Dropwizard	Payara Micro	Spring Boot	Thorntail
依赖注入(DI)		✔	✔	✔
打包成 uber jar	✔		✔	✔
WAR 部署		✔	✔	✔
使用 Maven 插件来运行			✔	✔
项目生成器	✔		✔	✔
自动检测依赖项				✔
Java EE API		✔		✔

在为应用或企业选择最好的 JeAS 运行时的时候，需要考虑很多因素。其中一些主要因素有：

- 有 Java EE 或 Spring 方面的经验和知识吗？
- 在生产环境中首选的打包方法是什么？
- 有这些框架的非 JeAS 运行时的经验吗？

这些只是影响应用的首选 JeAS 框架的若干因素。有可能的情况下，Thorntail 是那些有 Java EE 经验的开发者的首选，但对于那些在选择不需要许多 Java EE API 的技术栈的开发者来说，可能会选择 Dropwizard。

3.3 本章小结

- JeAS 支持将恰如其分的运行时与微服务打包在一起。在本章介绍的运行时中，Thorntail 是最可定制的 JeAS 运行时。
- 你通过使用一个 JeAS 运行时来选择企业级 Java 应用服务器的某些部分，择所需而用之。
- JeAS 运行时是部署 RESTful 微服务的完美方法。
- MicroProfile 提供了部署云原生微服务的主要特性。

第 *4* 章

微服务的测试

本章涵盖:
- 需要考虑哪些类型的测试
- 哪些工具适合微服务
- 实现微服务的单元测试
- 实现微服务的集成测试
- 理解消费者驱动的契约测试

从哪里开始!对于任何目的,都有许许多多的类型和级别的测试。更复杂的是,每个人都各持己见——尤其在不同类型的测试应该达到什么目的的问题上。

让我们就测试的类型达成共识,对它们的意义建立共同的理解。在本章中,只会专注在与我们的目的相关的测试类型上。太多类型的测试会让人不知所措。

接下来会使用第 2 章创建的管理服务,展示在微服务中可以实现的测试类型。

4.1 需要哪些类型的测试

本章会涵盖以下三种类型的测试:
- 单元测试会专注于对微服务的内部进行测试。
- 集成测试覆盖了服务的全部,以及它与外部服务(如数据库)的交互。
- 消费者驱动的契约测试处理了服务的消费者与微服务本身的边界,通过定义契约的 Pact 文档来完成。

需要注意的是,单元测试和集成测试并不是新概念,它们已经在软件开发中存在了数十年。集成测试在微服务中的应用可能由于更多的外部集成点增加了复杂性，但是开发它们的方式并没有太大的变化。

既然有几十种测试类型可供选择，为什么关注这三种呢？这并不是说只需要关心这三种，而是对尽可能保证微服务的健壮性而言，这三种测试至关重要。单元测试和集成测试的重点在于确保你——作为微服务的开发者——编写的代码满足微服务的需求。消费者驱动的契约测试切换了视角，即从微服务的外部进行观察，确保微服务能够正确处理客户端传递的东西。尽管这可能不是微服务的一部分需求，但是客户端期望的行为很可能与已经开发的行为略有不同。图 4.1 展示了这三种类型的测试如何与你的代码相匹配。

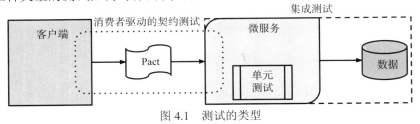

图 4.1　测试的类型

对于任何类型的测试而言，关键点在于编写测试的目的不是为了好玩或者只执行一次。编写测试的目的或者好处在于，随着代码的变化和修改，测试能持续执行，特别是作为对代码进行经常性构建的持续集成的一部分。为什么要让这些测试始终运行在老的和更新过的代码上呢？简单的理由是，它减少了进入生产代码的错误或者漏洞的数量。就像在第 1 章提到的那样，任何可以减少生产漏洞次数的措施，你都可以做得更好。

4.2　单元测试

作为代码的一部分，单元测试通常由开发者编写，它测试类和方法的内部行为。其间常常需要 mock 或者 stub 来模拟外部系统的行为。

注意 stub 和 mock 是一种工具，使用它们可以对那些与外部服务进行交互的代码进行测试。比如在测试与数据库进行交互的代码时，可以不需要真正的数据库。尽管目标相同，但是它们以不同的方式运作。stub 是服务的手动实现，对于每个方法，它返回了预制的响应。mock 提供了更多的灵活性，因为每个测试都可以设置方法的期望返回值，然后验证这个 mock 是否按照预期的方式运行。虽然使用 mock 进行测试时需要在每个测试中设置被调用服务的期望行为，然后进行验证，但使用它之后，不需要把每个可能的测试情况都写入 stub 中。

为什么需要单元测试？因为需要确保类上的方法完成了预期的功能。如果一个方法需要传入参数，那么应该对其进行验证，以确保它们的合法性。这可以简单到确保传入的值是非空的，也可以复杂到验证邮件地址的格式。同样的，你需要验证在传入特定的输入参数时，方法返回了对应的期望结果。单元测试是最低级别的测试，却是最难正确编写的。如果代码的最小单元(即方法)并没有按照期望执行，那么整个服务可能不会正常运行。

对于这个级别的测试，最流行和最广泛使用的两个测试框架是 JUnit (http://junit.org/)和 TestNG (http://testng.org/doc/)。JUnit 的历史最悠久，也是创建 TestNG 的灵感来源。它们的特性并没有太大区别，甚至某些情况下的注解也是相同的。

它们之间的最大区别，是各自的不同的目标。JUnit 的重点完全放在单元测试上，它曾经是测试驱动开发的强大驱动力。TestNG 着眼于支持更广泛的测试用例，而不仅仅是单元测试。

对于开发者而言，选择哪一个框架仅仅是个人的选择。任何时候，JUnit 或者 TestNG 都可能比对方有更多的特性，但对方很可能会快速跟进。这样反复发生了很多次。

第 2 章中的代码已经被复制到 /chapter4/admin 中，以便能够查看添加测试后的差异。这个做法对于展示修复可怕的漏洞的相关代码改动尤为重要。我使用 JUnit 编写单元测试，仅仅是因为在我的职业生涯中，我使用它的时间最长，也对它更熟悉。

此时，管理微服务关注在 Category 模型的 CRUD 操作上，它有一个 JAX-RS 资源，提供了 RESTful 端点来与之交互。

在目前的单元测试中，Category 是唯一的不需要对数据库进行 mock 来测试的可用代码。当然也有可能通过 mock EntityManager 来测试 JAX-RS 资源，但最好使用数据库对其进行完整的测试，并作为集成测试的一部分。

首先需要做的事情是在 pom.xml 添加测试所需的依赖项：

```
<dependency>
  <groupId>junit</groupId>
  <artifactId>junit</artifactId>
  <scope>test</scope>
</dependency>
<dependency>
  <groupId>org.easytesting</groupId>
  <artifactId>fest-assert</artifactId>
  <scope>test</scope>
</dependency>
```

接下来看 Category 的单元测试。在运行时的任何方法执行栈中，它是最低级的测试。见代码清单 4.1。

代码清单 4.1   CategoryTest

用来验证两个 Category 实例
无论如何都相等的测试

在测试上使用 helper
方法来创建任何测试
都需要的 Category
实例

```java
public class CategoryTest {
    @Test
    public void categoriesAreEqual() throws Exception {
        LocalDateTime now = LocalDateTime.now();
        Category cat1 = createCategory(1, "Top", Boolean.TRUE, now);
        Category cat2 = createCategory(1, "Top", Boolean.TRUE, now);

        assertThat(cat1).isEqualTo(cat2);
        assertThat(cat1.equals(cat2)).isTrue();
        assertThat(cat1.hashCode()).isEqualTo(cat2.hashCode());
    }

    @Test
    public void categoryModification() throws Exception {
        LocalDateTime now = LocalDateTime.now();
        Category cat1 = createCategory(1, "Top", Boolean.TRUE, now);
        Category cat2 = createCategory(1, "Top", Boolean.TRUE, now);

        assertThat(cat1).isEqualTo(cat2);
        assertThat(cat1.equals(cat2)).isTrue();
        assertThat(cat1.hashCode()).isEqualTo(cat2.hashCode());

        cat1.setVisible(Boolean.FALSE);

        assertThat(cat1).isNotEqualTo(cat2);
        assertThat(cat1.equals(cat2)).isFalse();
        assertThat(cat1.hashCode()).isNotEqualTo(cat2.hashCode());
    }

    @Test
    public void categoriesWithIdenticalParentIdAreEqual() throws Exception {
        LocalDateTime now = LocalDateTime.now();
        Category parent1 = createParentCategory(1, "Top", now);
        Category parent2 = createParentCategory(1, "Tops", now);
        Category cat1 = createCategory(5, "Top", Boolean.TRUE, now, parent1);
        Category cat2 = createCategory(5, "Top", Boolean.TRUE, now, parent2);

        assertThat(cat1).isEqualTo(cat2);
        assertThat(cat1.equals(cat2)).isTrue();
        assertThat(cat1.hashCode()).isEqualTo(cat2.hashCode());
    }

    private Category createCategory(Integer id, String name, Boolean visible,
        LocalDateTime created, Category parent) {

        return new TestCategoryObject(id, name, null,
            visible, null, parent, created, null, 1);
    }
}
```

使用来自于 Fest
Assertion 的流畅
方法简化测试
代码

确保一个 Category 在调用了 setter 方法
后变成另一个 Category 的测试

测试拥有相同父类别 ID 的子
Category 是否相等

用于创建测试
用的 Category 实
例的 helper 方法

你可能已经注意到，在这个测试类的 createCategory() 方法中，实例化了一个

TestCategoryObject 类。它从何处而来？TestCategoryObject 类对测试有重要作用。因为它扩展了 Category，所以可以直接设置那些只有 getter 方法的字段(比如 id 和 version)。这样可以在 Category 上保留重要的不可变性部分的同时，也能够设置和修改那些用于测试的 Category 的属性。TestCategoryObject 提供了两个构造器，允许设置 Category 的 ID，这对测试尤其有用。请在本书下载源代码中查看完整的代码清单(位于 GitHub 或者从 www.manning.com/books/enterprise-java-microservices 下载)。

4.3　什么是不可变性

不可变性(immutability)来自于面向对象编程的概念，用来鉴定一个对象的状态是否可以被改变。如果一个对象在创建后不能被更改，那么可以认为它的状态是不可变的。

在我们的案例中，Category 不完全是不可变的。但是，id、created 和 version 应该是不可变的。因此，Category 的这些字段只有 getter 方法，没有 setter 方法。

为了在/chapter4/admin 中使用 Maven 运行测试，可以用下面的方式运行：

```
mvn test -Dtest=CategoryTest
```

当使用现有的第 2 章中的代码来运行 CategoryTest 时，会看到失败的测试。测试 categoriesWithIdenticalParentIdAreEqual() 会失败，因为它不认为两个类别是相同的。

任何失败的测试都可能有两个原因：是在测试中编写了不正确的断言，还是代码中有漏洞？

在本例中，期望拥有相同 ID 但不同名称的 Category 是相同的吗？第一反应可能是说不，它们不应该相同。但是，这种情况下，需要记住 ID 是 Category 的唯一标识符，所以期望对于任何特定的 ID，都只应该对应单一的 Category。所以，很显然这里的测试断言是正确的，即一个 Category 的名称已经在随后的请求中修改了，但是在判断一个 Category 是否相等时代码中有一个漏洞。

现在看看 Category 上当前的 equals() 实现，它由 IDE 自动生成：

```
public boolean equals(Object o) {
    if (this == o) return true;
    if (o == null || getClass() != o.getClass()) return false;
    Category category = (Category) o;
    return Objects.equals(id, category.id) &&
            Objects.equals(name, category.name) &&
            Objects.equals(header, category.header) &&
            Objects.equals(visible, category.visible) &&
            Objects.equals(imagePath, category.imagePath) &&
            Objects.equals(parent, category.parent) &&
```

```
            Objects.equals(created, category.created) &&
            Objects.equals(updated, category.updated) &&
            Objects.equals(version, category.version);
}
```

可以看到，这里比较了每个 Category 实例的 parent。就像在测试中看到的，一个拥有相同 ID 但不同名称的父 Category 会在相等性测试中失败。

根据之前的讨论，把一个父 Category 与另一个父 Category 进行比较是没有意义的。总是有可能一个 Category 在另一个 Category 之后被检索，在这些检索之间父 Category 的名称可能被更新。尽管 ID 是相同的，两个实例的其他状态却是不同的。

可以仅仅使用父 Category 的 ID，而不是整个对象的状态，来解决这个冲突：

```
public boolean equals(Object o) {
    if (this == o) return true;
    if (o == null || getClass() != o.getClass()) return false;
    Category category = (Category) o;
    return Objects.equals(id, category.id) &&
            Objects.equals(name, category.name) &&
            Objects.equals(header, category.header) &&
            Objects.equals(visible, category.visible) &&
            Objects.equals(imagePath, category.imagePath) &&
            (parent == null ? category.parent == null
                : Objects.equals(parent.getId(), category.parent.getId())) &&
            Objects.equals(created, category.created) &&
            Objects.equals(updated, category.updated) &&
            Objects.equals(version, category.version);
}
```

这里修改了父 Category 的相等性检查，并且在比较 ID 的值是否相等时，验证了 parent 是否为 null。这让代码更加健壮，并且不易出错。

这里已经看到了一些短小的单元测试如何通过减少潜在的漏洞来帮助改善内部代码，下一步是编写集成测试。

4.4　集成测试

集成测试与单元测试类似，都使用了相同的框架，但它也被用来测试一个微服务与外部系统的交互。这可能包含了数据库、消息系统、其他微服务，或者几乎所有需要进行通信但不是内部代码的东西。如果有一些单元测试使用了 mock 或 stub 来与外部系统集成，作为集成测试的一部分，需要这些 mock 和 stub 替换为对真正系统的调用。移除 mock 或者 stub 后，会让代码执行那些没有测试过的路径。同时，由于需要测试对外部系统的错误进行的处理，因此会引入更多的测试场景。

根据与微服务进行集成的系统的类型的不同，可能无法在本地开发者的机器上执行这些测试。集成测试完美地适合持续改进的环境，这些环境中的资源更丰富，可以安装任何所需的系统。

有了集成测试后，就可以扩展测试的范围，并验证代码是否正常工作。它也允许把外部系统作为测试的一部分，而不是模拟外部系统。使用微服务对生产环境中依赖的真实服务和系统进行测试，能够极大地增强信心，让你相信在部署生产环境时不会因为代码变化导致错误。虽然你不会使用生产环境运行集成测试，但可以使用那些能几乎反映生产环境配置和数据的系统。

为了帮助开发集成测试，可以使用 Arquillian。Arquillian 是一个针对 JVM 的高度可扩展的测试平台，它提供了简单的方式来创建集成测试、功能测试和验收测试。有很多 Arquillian 核心的扩展能够处理特定的框架(比如 JSF)，或者与 Selenium 集成来进行浏览器测试。所有可用的 Arquillian 扩展的细节可以在 http://arquillian.org/找到。

选择使用 Arquillian 来辅助集成测试，是因为它能尽可能地复制生产环境，因此不需要生产环境。你的服务会在相同的运行时容器中启动，就像在生产环境中那样。所以服务能够访问 CDI 注入、持久化，或者任何服务所需的运行时组件。

为了使用 Arquillian 进行集成测试，需要在 pom.xml 中添加必要的依赖项，如下所示：

```
<dependency>
  <groupId>io.thorntail</groupId>
  <artifactId>arquillian</artifactId>
  <scope>test</scope>
</dependency>
<dependency>
  <groupId>org.jboss.arquillian.junit</groupId>
  <artifactId>arquillian-junit-container</artifactId>
  <scope>test</scope>
</dependency>
```

第一个依赖项为 Thorntail 添加了运行时容器，以便在 Arquillian 测试中使用。第二个依赖项添加了 Arquillian 和 JUnit 之间的集成。Arquillian 在进行部署时，需要访问一个运行时容器。Thorntail 的 Arquillian 依赖项使用 Arquillian 把自己注册为一个运行时容器，这样就能让 Arquillian 部署它。二者缺一不可，否则就无法在运行时容器中执行集成测试。

为了简化测试中执行 HTTP 请求的代码，可以使用 REST Assured。也需要将其添加到 pom.xml 中：

```
<dependency>
  <groupId>io.rest-assured</groupId>
  <artifactId>rest-assured</artifactId>
<scope>test</scope>
  </dependency>
```

集成测试将关注 JAX-RS 资源类，因为它定义了消费者与微服务进行交互的 RESTful 端点，以及对数据库的持久化变更。有了集成测试后，我们将关注微服务交互的提供方——仅仅验证设计的服务 API 是否正常工作。这样做不会考虑消费者对 API 的期望，消费者驱动的契约测试将涵盖这一点。

首先，如代码清单 4.2 所示，创建一个测试来验证从数据库中检索出了所有类别。唯一的集成测试将验证对外的 API 返回了期望的信息，并验证持久化代码能够正确地读取并返回数据库条目。如果其中任何一个方面不能按期望工作，都会导致测试失败。

代码清单 4.2　在代码清单 4.1 的 CategoryResourceTest 中获取所有类别

使用 Arquillian 运行器来运行 Junit 测试

基于 Thorntail 项目的类型(WAR 或 JAR)为 Arquillian 创建部署

基于名称运行测试方法

由于正在测试微服务的端点，因此作为客户端运行测试

```java
@RunWith(Arquillian.class)
@DefaultDeployment
@RunAsClient
@FixMethodOrder(MethodSorters.NAME_ASCENDING)
public class CategoryResourceTest {

    @Test
    public void aRetrieveAllCategories() throws Exception {
        Response response =
                when()
                        .get("/admin/category")
                .then()
                        .extract().response();

        String jsonAsString = response.asString();
        List<Map<String, ?>> jsonAsList =
    JsonPath.from(jsonAsString).getList("");

        assertThat(jsonAsList.size()).isEqualTo(21);

        Map<String, ?> record1 = jsonAsList.get(0);

        assertThat(record1.get("id")).isEqualTo(0);
        assertThat(record1.get("parent")).isNull();
        assertThat(record1.get("name")).isEqualTo("Top");
        assertThat(record1.get("visible")).isEqualTo(Boolean.TRUE);
    }
}
```

REST Assured 的用于执行 HTTP 请求的流畅方法

验证从数据库接收到了期望的所有类别

从列表中取出一条类别记录，然后验证它的值

测试中的第一行代码，通过注解@RunWith 让 JUnit 使用 Arquillian 测试运行器。@DefaultDeployment 让 Thorntail 与 Arquillian 创建一个用于测试的 Arquillian 部署，它根据 Maven 项目的类型创建用于部署的 WAR 或 JAR。

测试类上的另一个关键注解是@RunAsClient，它让 Arquillian 把部署当作一个黑盒，并从容器外部执行测试。如果不使用这个注解，Arquillian 会认为测试将在容器里运行。也可以在个别的测试方法上混合使用 @RunAsClient，但本例完全是从容器外面进行测试的。

测试本身会向/admin/category 发起 HTTP GET 请求，然后把响应 JSON 转换

成包含了键/值对的映射的列表。然后验证返回的列表的长度是否与数据库中的
Category 记录匹配，从列表中检索第一个映射并对其详情进行断言，以便验证其
是否与数据库里的根级别的类别匹配。

与单元测试一样，可以使用以下方法执行集成测试：

```
mvn test
```

运行测试时，会看到 Thorntail 容器的启动，以及向数据库插入初始类别记录
的 SQL。运行这个测试后，除了运行现有的 CategoryTest 单元测试之外，还会运
行 CategoryResourceTest 并获得一次成功测试。

接下来直接测试检索单个类别的功能，但也将收到的 JSON 映射到一个
Category 对象上，以便验证序列化是正常的。与前一个测试不同，这个测试使用
了来自 JPA 的 EntityManager 上的不同方法来接收单个的 Category，而不是接收所
有 Category。这么做既能测试 JAX-RS 资源上的额外方法，也能验证是否正确定
义了持久化和数据库实体。见代码清单 4.3。

代码清单 4.3　在 CategoryResourceTest 中获取类别

```
@Test
public void bRetrieveCategory() throws Exception {
    Response response =
            given()
                    .pathParam("categoryId", 1014)    ← 在请求中设置
            .when()                                        categoryId 参数
                    .get("/admin/category/{categoryId}")
            .then()
                    .extract().response();           ← 指定在 URL 中添加
                                                        categoryId 的地方
    String jsonAsString = response.asString();

    Category category = JsonPath.from(jsonAsString).getObject("",
    Category.class);

    assertThat(category.getId()).isEqualTo(1014);
    assertThat(category.getParent().getId()).isEqualTo(1011);
    assertThat(category.getName()).isEqualTo("Ford SUVs");
    assertThat(category.isVisible()).isEqualTo(Boolean.TRUE);
}
```

把接收到的 JSON 反序列化为 Category 实例

如果再次执行测试，新测试会失败，并抛出如下错误：

```
com.fasterxml.jackson.databind.JsonMappingException: Unexpected token
⇒ (START_OBJECT), expected VALUE_STRING: Expected array or string.
```

根据日志可以看出错误来自接收到的 JSON 消息，但溯源后可以发现它引用
的数据 ejm.chapter4.admin.model.Category["created"] 引起了这个问题。从这里可
以知道，测试在把 Category 上的 created 字段反序列化为 LocalDateTime 实例的时
候发生了问题。

为了解决这个问题，需要给序列化库(本例中是 Jackson)提供帮助，让其将 LocalDateTime 实例转换成该库能进行反序列化的 JSON。为了给 Jackson 提供帮助，需要注册一个 JAX-RS 提供程序并使用 JavaTimeModule 给 Jackson 添加配置。首先，依然需要在 pom.xml 中添加依赖项，让其可用：

```
<dependency>
    <groupId>com.fasterxml.jackson.datatype</groupId>
    <artifactId>jackson-datatype-jsr310</artifactId>
</dependency>
```

现在看看提供程序，如代码清单 4.4 所示。

代码清单 4.4   ConfigureJacksonProvider

指明这个提供程序被用于解析 ObjectMapper 实例

把这个类作为 JAX-RS 提供程序

```
@Provider
public class ConfigureJacksonProvider implements
    ContextResolver<ObjectMapper> {

    private final ObjectMapper mapper = new ObjectMapper()
            .registerModule(new JavaTimeModule());

    @Override
    public ObjectMapper getContext(Class<?> type) {
        return mapper;
    }
}
```

使用 Jackson mapper 注册 JavaTimeModule，以便正确地序列化 LocalDateTime 实例

重新运行 mvn test，就会看到测试通过。这就是用测试解决的另一个 bug！

现在已经介绍了从 RESTful 端点检索类别的两个用例。接下来看 JAX-RS 资源是否也能够存储数据。见代码清单 4.5。

代码清单 4.5   在 CategoryResourceTest 中创建类别

表明发送的 HTTP 请求是 JSON 格式

把创建的 Category 实例作为请求体

```
@Test
public void cCreateCategory() throws Exception {
    Category bmwCategory = new Category();
    bmwCategory.setName("BMW");
    bmwCategory.setVisible(Boolean.TRUE);
    bmwCategory.setHeader("header");
    bmwCategory.setImagePath("n/a");
    bmwCategory.setParent(new TestCategoryObject(1009));

    Response response =
            given()
                    .contentType(ContentType.JSON)
                    .body(bmwCategory)
            .when()
                    .post("/admin/category");
```

验证收到的响应状态码为 201，并
且已经创建了类别

Location 是刚刚创建的
Category 的 URL

```
        assertThat(response).isNotNull();
        assertThat(response.getStatusCode()).isEqualTo(201);
        String locationUrl = response.getHeader("Location");
        Integer categoryId = Integer.valueOf(
            locationUrl.substring(locationUrl.lastIndexOf('/') + 1)
        );

        response =
            when()
                .get("/admin/category")
            .then()
                .extract().response();
```

从 Location 中抽取刚刚
创建的 Category 的 ID

断言获取到
的类别数量
是 22，而不
是 21

```
        String jsonAsString = response.asString();
        List<Map<String, ?>> jsonAsList =
    JsonPath.from(jsonAsString).getList("");

        assertThat(jsonAsList.size()).isEqualTo(22);

        response =
            given()
                    .pathParam("categoryId", categoryId)
            .when()
                    .get("/admin/category/{categoryId}")
            .then()
                    .extract().response();
```

为新的 GET 请求设
置路径参数，使用
从 Location 中获取
的类别 ID

设置请求的路径，定义
替换类别 ID 的位置

把接收到的
JSON 反序列化
为一个 Category
实例

```
        jsonAsString = response.asString();
        Category category =
            JsonPath.from(jsonAsString).getObject("", Category.class);

        assertThat(category.getId()).isEqualTo(categoryId);
        ...
    }
```

验证类别上的 ID 与从
Location 中抽取的 ID 相同

上面的测试首先创建了一个新 Category 实例，并设置了合适的属性值，其中设置了一个 id 为 1009 的父类别。接下来向 Category 的 RESTful 端点提交了一个 POST 请求来创建一个新记录。然后验证收到的响应是否正确，并抽取了类别的新 id。接着检索出所有的类别，并验证现在的记录数从 21 变成 22。最后检索新记录，并校验它的信息与创建时提交的信息一致。

再次运行 mvn test，看看代码是否有 bug！这次，测试失败了。因为它期望接收的 HTTP 状态码为 201，但实际上收到了 500。是什么错呢？如果追溯终端里的输出，可以看到微服务遇到了错误：

```
Caused by: org.hibernate.TransientPropertyValueException:
  object references an unsaved transient instance
```

```
- save the transient instance before flushing:
  ejm.chapter4.admin.model.Category.parent ->
ejm.chapter4.admin.model.Category
```

可以看出，无法保存指向指定的父类别的链接。这是因为提供给 POST 请求的实例中并没有向持久层表明已经保存了这个实例。

为了解决这个问题，需要让创建类别的 RESTful 方法在保存新类别之前，查询父类别对应的持久化的对象。见代码清单 4.6。

代码清单 4.6   CategoryResource

```
@POST
@Consumes(MediaType.APPLICATION_JSON)
@Produces(MediaType.APPLICATION_JSON)
@Transactional
public Response create(Category category) throws Exception {
    if (category.getId() != null) {
        return Response
                .status(Response.Status.CONFLICT)
                .entity("Unable to create Category, id was already set.")
                .build();
    }

    Category parent;
    if ((parent = category.getParent()) != null && parent.getId() != null) {
    category.setParent(get(parent.getId()));
    }

    try {
        em.persist(category);
    } catch (Exception e) {
        return Response
                .serverError()
                .entity(e.getMessage())
                .build();
    }
    return Response
            .created(new URI("category/" + category.getId().toString()))
            .build();
}
```

在查询父类别之前，检查父类别及其 ID 是否存在

获取父类别，将其设置到新类别实例上

需要做的就是在 create()中从持久层中检索有效的父类别的能力，然后将其设置到新类别实例上。这个方法中的其他部分来自于第 2 章。

重新运行 mvn test，就会看到所有测试通过！现在再添加一个测试，来看错误处理能正确地拒绝一个错误的请求。见代码清单 4.7。

代码清单 4.7　在 CategoryResourceTest 中创建类别失败

创建一个没
有 设 置 名 称
的类别

```
@Test
public void dFailToCreateCategoryFromNullName() throws Exception {
    Category badCategory = new Category();
    badCategory.setVisible(Boolean.TRUE);
    badCategory.setHeader("header");
    badCategory.setImagePath("n/a");
    badCategory.setParent(new TestCategoryObject(1009));

    Response response =
            given()
                    .contentType(ContentType.JSON)
                    .body(badCategory)
            .when()
                    .post("/admin/category");

    assertThat(response).isNotNull();
    assertThat(response.getStatusCode()).isEqualTo(400);

    ...

    response =
            when()
                    .get("/admin/category")
            .then()
                    .extract().response();

    String jsonAsString = response.asString();
    List<Map<String, ?>> jsonAsList =
    JsonPath.from(jsonAsString).getList("");

    assertThat(jsonAsList.size()).isEqualTo(22);
}
```

应该接收到
HTTP 状态
码 400

验证在数据库中依然
只有 22 个类别

添加这个新测试方法后运行 mvn test 会出现测试失败。测试期望的返回代码
是 400，但实际上接收到的是 500。

滚动终端的输出后，会看到下面的错误：

```
Caused by: javax.validation.ConstraintViolationException:
    Validation failed for classes [ejm.chapter4.admin.model.Category]
        during persist time for groups [javax.validation.groups.Default, ]
    List of constraint violations:[
        ConstraintViolationImpl{
            interpolatedMessage='may not be null', propertyPath=name,
            rootBeanClass=class ejm.chapter4.admin.model.Category,
            messageTemplate='{javax.validation.constraints.NotNull.message}'
        }
    ]
```

尽管在日志中可以看到期望的错误，但微服务并没有正确地处理这个错误。

完成 RESTful 方法后，事务会尝试向数据库提交变更，却因为 Category 实例是无效的而失败了。

需要提前校验发生的时间点，以便方法能够正确地处理它并返回期望的响应码(见代码清单 4.8)。

代码清单 4.8　CategoryResource.create()

捕获任何
特定于约
束的异常

返回状态码为
400 的响应，
并包含了错误
消息

在实体管理器中刷新
当前的修改

```
try {
    em.persist(category);
    em.flush();
} catch (ConstraintViolationException cve) {
    return Response
            .status(Response.Status.BAD_REQUEST)
            .entity(cve.getMessage())
            .build();
} catch (Exception e) {
    return Response
            .serverError()
            .entity(e.getMessage())
            .build();
}
```

这里修改了 create()方法来刷新 Entity Manager 中的变更。这么做会触发校验，然后捕获任何违反约束的错误并返回响应。应用此更改后运行 mvn test 会让测试通过，因为它现在返回了正确的响应码。

集成测试是所有微服务所需的重要部分。如你所见，它能快速鉴定在与外部系统集成时，那些由于现有代码未能处理的情况导致的潜在的故障点(比如数据库)。与数据库的集成和通过 HTTP 请求传输数据是两个常见的用途，可能会暴露现有代码的问题。

开发者是人，所以会犯错。合适的集成测试是确保开发的代码能够满足期望的一个重要方法。让不同的开发者创建这些类型的测试通常是一个好主意，因为另一个开发者不会对代码的工作方式有任何先入为主的概念，并且只关心测试微服务的必要功能。

4.5　消费者驱动的契约测试

在开发微服务时，并没有必要有真正的消费者对可用的服务进行测试。但如果一个服务提供了消费者在请求上传递的详细信息和期望的响应，就可以对真实的服务执行这些期望的定义，以确保期望能被满足。让消费者指定测试的期望，是验证服务的 API 的最好方式。

消费者驱动的契约测试就使用了这个方法。它会同时测试消费者和提供者，来确保它们之间传递了合适的信息。那么如何做到呢？图 4.2 展示了如何使用一个模拟服务器捕获来自消费者的请求，然后返回对其预先定义的响应的过程。

记住，返回的响应是消费者的开发者认为应该返回的内容。这个期望很容易与服务的响应不同，但话又说回来，找到这种类型的问题就是这类测试的好处。

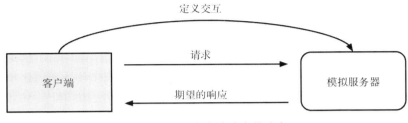

图 4.2　模拟客户端请求的响应

通过执行图 4.2 展示的过程，就可以创建消费者在与微服务提供者进行通信时期望发送和接收的内容的契约。图 4.3 展示了接下来如何在服务端基于真实的代码返回响应，对这些请求进行重放。然后就可以比较每个来自服务的响应和与之对应的期望，来确保消费者和提供者在应该要发生的事情上达成一致。

图 4.3　发送给微服务的请求

用来测试这些概念的一个流行工具是 Pact(https://docs.pact.io/)，代码清单 4.10 中展示了它的用法。这个过程听起来有点儿棘手，但在使用 Pact 时情况并不太坏。Pact 是一系列框架，它让创建和使用消费者驱动的契约测试变得简单。

首先需要创建一个尝试和管理微服务进行集成的消费者，如代码清单 4.9 所示。在 chapter4/admin-client 中，可以看到下面的消费者代码：

代码清单 4.9　AdminClient

```
public class AdminClient {
    private String url;                          AdminClient 的构造器，参数是代
                                                  表管理微服务的 URL
    public AdminClient(String url) {
        this.url = url;
    }

    public Category getCategory(final Integer categoryId) throws IOException {
        URIBuilder uriBuilder;                    通过 ID 获取单个类别的方法
        try {
            uriBuilder = new URIBuilder(url).setPath("/admin/category/" +
```

```
➡ categoryId);
    } catch (URISyntaxException e) {
        throw new RuntimeException(e);
    }

    String jsonResponse =
        Request
            .Get(uriBuilder.toString())
            .execute()
                .returnContent().asString();

    if (jsonResponse.isEmpty()) {
        return null;
    }

    return new ObjectMapper()
            .registerModule(new JavaTimeModule())
            .readValue(jsonResponse, Category.class);
    }
}
```

使用 Jackson 把响应 JSON 映射到 Category 上，
同时注册 JavaTimeModule

此时已经有了一个与管理微服务进行交互的基本客户端。为了让 Pact 为它创建合适的契约，需要在 pom.xml 中添加依赖项：

```
<dependency>
  <groupId>au.com.dius</groupId>
  <artifactId>pact-jvm-consumer-junit_2.12</artifactId>
  <scope>test</scope>
</dependency>
```

这个依赖项指定了使用 JUnit 生成契约。接下来创建一个 JUnit 测试来生成契约，见代码清单 4.10。

代码清单 4.10　ConsumerPactTest

扩展 ConsumerPactTestMk2，以便得到 Pack 和
jUnit 所需的集成测试钩子

```
public class ConsumerPactTest extends ConsumerPactTestMk2 {
    private Category createCategory(Integer id, String name) {
        Category cat = new TestCategoryObject(id,
➡ LocalDateTime.parse("2002-01-01T00:00:00"), 1);
        cat.setName(name);
        cat.setVisible(Boolean.TRUE);
        cat.setHeader("header");
        cat.setImagePath("n/a");

        return cat;
    }

    @Override
    protected RequestResponsePact createPact(PactDslWithProvider builder) {
        Category top = createCategory(0, "Top");
        Category transport = createCategory(1000, "Transportation");
```

helper 方法，用于创建具
有创建日期的类别

返回消费
者期望的
Pact

```
transport.setParent(top);

Category autos = createCategory(1002, "Automobiles");
autos.setParent(transport);
Category cars = createCategory(1009, "Cars");
cars.setParent(autos);

Category toyotas = createCategory(1015, "Toyota Cars");
toyotas.setParent(cars);


ObjectMapper mapper = new ObjectMapper()
        .registerModule(new JavaTimeModule());

try {
    return builder
        .uponReceiving("Retrieve a category")
            .path("/admin/category/1015")
            .method("GET")
        .willRespondWith()
            .status(200)
            .body(mapper.writeValueAsString(toyotas))
        .toPact();
} catch (JsonProcessingException e) {
    e.printStackTrace();
}

return null;
}

@Override
protected String providerName() {
    return "admin_service_provider";
}

@Override
protected String consumerName() {
    return "admin_client_consumer";
}

@Override
protected PactSpecVersion getSpecificationVersion() {
    return PactSpecVersion.V3;
}

@Override
protected void runTest(MockServer mockServer) throws IOException {
    Category cat = new
AdminClient(mockServer.getUrl()).getCategory(1015);

    assertThat(cat).isNotNull();
    assertThat(cat.getId()).isEqualTo(1015);
    assertThat(cat.getName()).isEqualTo("Toyota Cars");
    assertThat(cat.getHeader()).isEqualTo("header");
    assertThat(cat.getImagePath()).isEqualTo("n/a");
    assertThat(cat.isVisible()).isTrue();
```

定义基于接收的请求应该返回什么样的响应

为提供者设置唯一的名字

为消费者设置唯一的名字

这个契约使用的 Pact 规范的版本

运行 AdminClient，使其访问 Pact mock 服务器，并验证期望的结果

```
        assertThat(cat.getParent()).isNotNull();
        assertThat(cat.getParent().getId()).isEqualTo(1009);
    }
}
```

尽管这里有很多代码，但可以归结为下面几点：

- 一个方法[即 createPact(PactDslWithProvider builder)]描述了管理微服务在收到特定请求时应该返回的内容。这是在创建契约的过程中，Pact 用来模拟提供者而使用的方式。
- 一个方法[即 runTest(MockServer mockServer)]使用了客户端代码与 Pact 的模拟服务器进行交互，并且验证收到的响应的对象包含了合适的值。

运行 mvn test 会执行 JUnit Pact 测试，并且在/chapter4/admin-client/target/pacts 生成一个 JSON 文件。见代码清单 4.11。

代码清单 4.11　Pact JSON 输出

```
{
    "provider": {
        "name": "admin_service_provider"
    },
    "consumer": {
        "name": "admin_client_consumer"
    },
    "interactions": [
        {
            "description": "Retrieve a category",
            "request": {
                "method": "GET",
                "path": "/admin/category/1015"
            },
            "response": {
                "status": 200,
                "body": {
                    "id": 1015,
                    "name": "Toyota Cars",
                    "header": "header",
                    "visible": true,
                    "imagePath": "n/a",
                    "parent": {
                        "id": 1009,
                        "name": "Cars",
                        "header": "header",
                        "visible": true,
                        "imagePath": "n/a",
    ...
    ],
    "metadata": {
        "pact-specification": {
            "version": "3.0.0"
        },
        "pact-jvm": {
            "version": "3.5.8"
        }
```

```
        }
    }
```

有了生成的 JSON 文件，就能设置消费者驱动的契约测试的另外一方面：验
证提供者能按照消费者期望的方式工作。

为了简单起见，我已经把生成的 JSON 文件手动复制到/chapter4/admin/src/
test/resources/pacts 中。对于持续集成中的严格测试，Pact 有其他方式来存储 JSON
文件，以便在运行提供者测试时，能自动地获取它。

由于需要运行管理微服务的一个实例才能验证提供者，因此需要使用 Maven
来执行 Pact 的验证。这个验证会在 Maven 的集成测试阶段发生。首先需要修改
pom.xml，在集成测试阶段的前后启动和关闭 Thorntail 容器。见代码清单 4.12。

代码清单 4.12　用于集成测试的 Thorntail Maven 插件的执行配置

```
<plugin>
    <groupId>io.thorntail</groupId>
    <artifactId>thorntail-maven-plugin</artifactId>
    <executions>
        <execution>
            <id>start</id>
            <phase>pre-integration-test</phase>        在 Maven 的 pre-integration-test
            <goals>                                      阶段启动微服务
                <goal>start</goal>
            </goals>
            <configuration>
                <stdoutFile>target/stdout.log</stdoutFile>
                <stderrFile>target/stderr.log</stderrFile>
            </configuration>
        </execution>
        <execution>
            <id>stop</id>
            <phase>post-integration-test</phase>
            <goals>
                <goal>stop</goal>                    在 post-integration-test
            </goals>                                  阶段停止微服务
        </execution>
    </executions>
</plugin>
```

定义微服务的日志的位置

接下来添加 Pact 插件，以便对提供者执行契约测试。见代码清单 4.13。

代码清单 4.13　Pact Maven 插件的执行配置

```
<plugin>
    <groupId>au.com.dius</groupId>
    <artifactId>pact-jvm-provider-maven_2.12</artifactId>
    <configuration>
```

```
<serviceProviders>
  <serviceProvider>  ◄──────  定义管理微服务提供者的位置
    <name>admin_service_provider</name>
    <protocol>http</protocol>
    <host>localhost</host>
    <port>8081</port>
    <path>/</path>
    <pactFileDirectory>src/test/resources/pacts</pactFileDirectory>  ◄──
  </serviceProvider>
</serviceProviders>
</configuration>                                  设置 Pact 契约文件的目录
<executions>
  <execution>
    <id>verify-pacts</id>
    <phase>integration-test</phase>  ◄──  在 Maven 的 integration-test
    <goals>                               阶段运行 Pact 验证
      <goal>verify</goal>  ◄──┐
    </goals>                  │
  </execution>               使用 Pact 插件的 verify 目标
</executions>
</plugin>
```

运行 mvn verify 会执行之前定义的所有测试，但也会把 Pact 验证作为最后一步。在终端里的输出表明验证成功：

```
returns a response which
  has status code 200 (OK)
  has a matching body (OK)
```

好了，这很顺利，但如果不成功，会是什么样子呢？为了尝试一下，可以在 CategoryResource.get() 方法的 return 语句之前添加如下代码。这样就会在 Pact 测试中返回一个不同的类别：

```
if (categoryId.equals(1015)) {
  return em.find(Category.class, 1010);
}
```

如果再次运行 mvn verify，就会看到一个失败的测试，并包含如下的输出：

```
returns a response which
 has status code 200 (OK)
 has a matching body (FAILED)
Failures:

0) Verifying a pact between admin_client_consumer and admin_service_provider
   - Retrieve a category returns a response which has a matching body
   $.parent.parent.parent.parent -> Type mismatch: Expected Map Map(parent
   -> null, name -> Top, visible -> true, imagePath -> n/a, version -> 1,
   id -> 0, updated -> null, header -> header, created -> List(2002, 1, 1,
   0, 0)) but received Null null

     Diff:
```

```
-{
- "parent": null,
- "name": "Top",
- "visible": true,
- "imagePath": "n/a",
- "version": 1,
- "id": 0,
- "updated": null,
- "header": "header",
- "created": [
- 2002,
- 1,
- 1,
- 0,
- 0
- ]
-}
+
```

```
$.parent.parent.parent.name -> Expected 'Transportation' but received
'Top'
```

```
$.parent.parent.parent.id -> Expected 1000 but received 0
```

```
$.parent.parent.name -> Expected 'Automobiles' but received
'Transportation'
```

```
$.parent.parent.id -> Expected 1002 but received 1000
```

```
$.parent.name -> Expected 'Cars' but received 'Automobiles'
```

```
$.parent.id -> Expected 1009 but received 1002
```

```
$.name -> Expected 'Toyota Cars' but received 'Trucks'
```

```
$.id -> Expected 1015 but received 1010
```

这个日志消息提供了层级关系中的每个类别的关键数据的详情(比如 ID 和名称)，以及这些数据与 Pact 契约定义的不同之处。

就像前面提到的，这样的差异可能是源自于消费者部分的一个无效的假设，也可能是提供者的一个 bug。这样的失败真的表明，来自消费者和提供者的开发者需要讨论如何对 API 进行操作和维护。

4.6　额外的阅读

本书没有涵盖很多其他类型的测试，其中一些关键类型是用户验收测试和端到端测试。尽管它们对于确保执行足够的测试都是至关重要的，但它们已经超出了本书的范围，因为它们涉及了更高层次的测试。对于微服务测试的其他信息，我推荐 Alex Soto Bueno、Jason Porter 和 Andy Gumbrecht 合著的 *Testing Java*

Microservices (Manning, 2018)。

4.7　额外的练习

有一些额外的测试，可以编写和实验不同的测试方法，也能够帮助改进示例代码！

- 给 CategoryResourceTest 添加一个方法，验证更新 Category 的能力。
- 给 CategoryResourceTest 添加一个方法，验证能够从数据库中成功地删除 Category。
- 给 AdminClient 添加不同的方法来检索全部类别，添加类别，更新类别，以及删除类别。然后针对这些新方法，在 ConsumerPactTest.createPact() 中添加请求/响应对，然后更新 ConsumerPactTest.runTest() 来执行和验证每一个方法。

如果完成了上面的任何练习，并且想看看本书提供的代码，那么请在 GitHub 的项目上提交一个拉取请求。

4.8　本章小结

- 单元测试很重要，但测试的需求并不止于此。你需要测试服务的所有方面，使测试尽可能逼真。
- Arquillian 是一个不错的框架，可以简化更复杂的测试，这些测试需要运行时容器与之交互，并提供近生产(near-production)的执行。
- 微服务测试的关键是确保微服务定义的契约——即暴露的 API——是被测试过的，不仅测试微服务想要暴露的内容，还包括客户端期望传递和接收的内容。

第5章

云原生开发

本章涵盖：

- 为什么云很重要
- 什么是云原生开发
- 把微服务部署到云上时需要做什么
- 如何在云上对应用进行横向扩展
- 能否在部署到生产环境之前在云环境中测试应用

本章将扩展第 4 章的管理服务，使其能够部署到本地的云环境，然后在这个环境中运行测试。

首先，理解"云"的含义，以及必须要选择的云提供商的相关信息。然后将探索在本机运行云的选项。在选择了云的类型后，我们将修改第 4 章的管理服务，将其部署到云环境中。完成部署后，对应用进行横向扩展，以便展示它是如何处理额外负载的，最终对部署到云环境的应用进行测试。

5.1 云到底是什么

云以及云计算在软件工程中已经存在几十年。这些术语通常用于指代分布式计算平台。直到 20 世纪 90 年代初到 90 年代中期，人们才更加普遍地使用它们。

云的一些关键好处如下所示：

- 成本效益——大部分云提供商在企业使用它们的服务时，通过度量 CPU 的使用时间进行收费。相比于物理机器，这极大地降低了整体成本。

- 扩展能力——云提供商提供了按需扩展独立服务的方式,确保不会有太多或太少的容量。有了社交媒体后,信息的传播变得很快,所以能够立即扩展相同的实例来处理即时的短期负载非常重要。当需要花费数月才能购买和开通一台机器时,企业如何才能快速扩展呢?在这种情况下,云提供商使用相同的配置(如内存、CPU 等)复制实例,以达到扩展的目的。
- 自由的选择——如果企业只使用 Java 做开发(因为运维团队知道如何去管理相关的环境),那么如何去尝试一些新的编程语言(如 Node.js 或 Go)呢?云为你带来了前所未有的语言。针对新语言的维护环境的内部经验是不需要的,因为那是云提供商要做的事情。

5.2　服务模型

图 5.1 展示了云的多种服务模型,以及应用在其中的适用范围。在这张图中,服务器上有应用的代码。如果是纯移动或基于浏览器的应用,并且通过 SaaS(Software as a Service,软件即服务)与一个或多个服务交互,则它还是一个应用,但不是此处描述的应用。在这里,一个应用可以是可执行的 JAR,或者部署到应用服务器的 WAR 或 EAR。

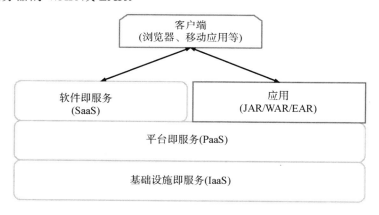

图 5.1　云环境中的服务模型

这里简单描述一下这些层:

- 基础设施即服务(Infrastructure as a Service,IaaS)——提供了网络基础设施的抽象,包括计算资源、数据分区、扩展、安全和备份。IaaS 通常涉及一个虚拟机监视器,它运行作为客体机的虚拟机。为使用 IaaS,需要构建一个能够部署到这个环境中的虚拟机。一些知名的 IaaS 提供商包括 Amazon

Web Services、OpenStack、Google Compute Engine 和 Microsoft Azure。

- 平台即服务(Platform as a Service，PaaS)——在 IaaS 之上提供一个开发环境，其中包含操作系统、多种编程语言的执行环境、数据库和 Web 服务器。PaaS 使得开发者不必为部署应用而购买、安装、配置硬件和软件。流行的 PaaS 提供商包含 Red Hat OpenShift、Amazon Web Services、Google App Engine、IBM Bluemix、Cloud Foundry、Microsoft Azure 和 Heroku。
- 软件即服务(Software as a Service，SaaS)——按需提供常见的应用组件，有时是完整的应用。SaaS 通常按每次的使用付费。能够作为 SaaS 提供的服务包括利基服务(如与市场推广相关的任何东西)，以及从头到尾地管理业务的完整 SaaS 套件。目前已经有许多 SaaS 提供商，同时每天仍有更多的提供商涌现出来。知名的提供商包括 Salesforce.com、Eloqua、NetSuite 和 Cloud9。

在过去的几年里——随着容器的崛起，特别是 Docker 作为容器解决方案的发展和流行——一个新层出现在云服务模型中。

图 5.2 介绍了容器即服务(Containers as a Service，CaaS)，它作为 PaaS 提供商的一个新的基础。CaaS 利用容器技术(如 Docker)来简化部署、扩展以及对多个应用或服务的管理。无论是需要定制软件还是某种配置，容器都能把任何应用或服务打包进它自己的操作系统环境。同时，相比于传统虚拟机，它也减少了所生成的镜像的大小。

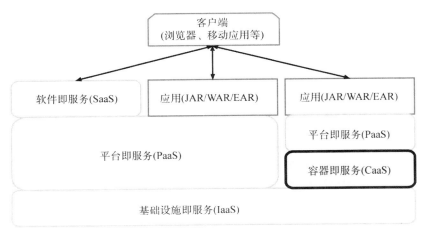

图 5.2　使用容器的云环境中的服务模型

CaaS(或者说容器)的其他主要优势是它们的不可变的本质。由于容器镜像是从特定版本的容器派生的，因此对于这个容器的任何更新都需要构建一个新的容器镜像和版本。在部署到内部管理的服务器时，可变的部署一直是一个问题；这是因为运维操作可能更新系统中的某些东西并潜在地破坏应用。不可变的容器镜像可被发送到 CI/CD 流程中，在发布到生产环境之前，验证该容器是否按照预期执行。

当前，最流行的 CaaS 提供商是 Kubernetes。Kubernetes 由 Google 创建并深受 Google 管理内部的容器化应用的方式的影响。以前的 PaaS 提供商已经发生转变并构建于 CaaS(特别是 Kubernetes)之上。目前，Red Hat OpenShift 已将 Kubernetes 作为其 CaaS 提供商。

CaaS 是管理部署的最佳方式，但你不会总是想要这么低层次的东西。通常，构建于 CaaS 之上的 PaaS 是理想的环境，例如 Red Hat OpenShift。

5.3　云原生开发

你可能已经听说过术语"云原生开发"，但新的术语一直在涌现，所以澄清一下这个定义没有坏处。云原生开发指的是开发一个部署到云环境的应用或服务的过程，从而可以利用松耦合的云服务。

转变到这种类型的开发需要在开发时改变思维方式，因为不再关心应用所需的外部服务的细节。你只需要知道将有一个服务(如数据库)位于云中，以及可能需要用来连接它的环境变量。

也可以从另外的角度看待云原生开发，它抽象了应用或服务正常运行所需的大部分东西。云原生开发允许开发者把精力花费在添加业务价值上，因为它让开发者专心开发业务逻辑，而不是陷入代码之中。

虽然大多数云提供商尚未提供，但正是出于这个目的，Kubernetes 引入了服务目录的概念。服务目录提供能够在云中连接的服务的定义，以及用来连接它们的环境变量。然后就有可能让服务指定它所要连接的外部服务的条件。这些条件包括 database 和 postgresql，它们会在服务目录中被翻译为 PostgreSQL 数据库实例。

这个概念与为数据库提供特定环境的配置相比没有太大的不同，而且多年来我们一直这么做。但是，随着在服务目录上的工作的进行，可能会到达一个点，即不再需要通过特定的环境变量来连接到外部服务的应用。数据库客户端可能会注入服务中，并且服务目录已经设定好它的配置。

云原生开发听起来很好，但如果每次都必须把服务部署到云中，那么如何才能对它进行快速测试和调试呢？这不会降低开发的速度吗？是的，把每一次的代码变更都部署到云中后再去查看其影响可能降低开发速度，甚至可能让开发更慢。

但是，要是把云或某个与生产环境的云尽可能一致的东西放到本地开发机器上呢？这必定能够加快从代码变更到实际变更的周期。那么云提供商会提供此类服务吗？其中一些确实可以。

Minikube 是第一个提供单节点的 Kubernetes 集群并且能在本地机器上运行的工具。只需要在本机上安装一个虚拟环境(如 VirtualBox、Hyper-V 或 xhyve 驱动)，Minikube 就可以用它来创建虚拟的集群。

Minikube 之后出现了 Minishift，它扩展了 Minikube 并内置一个单节点的 OpenShift 集群的 PaaS。Minishift 使用 OpenShift 的上游(即 OpenShift Origin)作为 PaaS。现在重新审视一下 CaaS 在服务模型中的位置，图 5.3 展示了 Minishift 提供的东西。

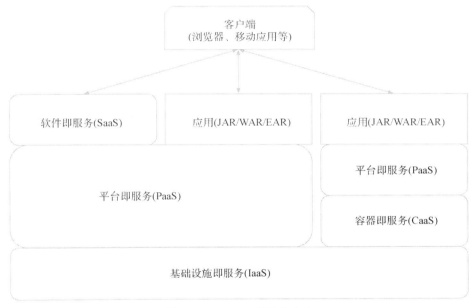

图 5.3　Minishift 提供的内容

直接使用 CaaS(如 Kubenetes)并没有错，但在它之上使用 PaaS 有很多好处。其中一个主要好处是 PaaS 有漂亮的 UI，对当前的部署情况进行了可视化展示。因为配置的简单性，以及我们想使用 CaaS 之上的 PaaS，所以接下来将使用 Minishift 创建本机的云环境。

5.4　部署到云

与云可能提供的服务模型截然不同，云还可以使用三种主要的部署模型：

- 私有云——一种仅供单个企业使用的云，通常托管在内部。
- 公有云——云中的服务处在公共的网络中。它和私有云的最大区别是安全问题。由于能从公网访问云服务，因此无论是微服务还是数据库，都需要更严格的安全保障。

● 混合云——公有云和私有云的结合。它也可以指同时使用不同的云提供
商。混合云部署模型正迅速成为最常见的模型,因为它提供了两个世界中
最好的东西,特别是想要快速增加容量和规模的时候。

从本质上说,Minishift 提供了运行在本机上的私有云实例。但是 Minishift 中
的 PaaS(即 OpenShift)与运行在公有云和混合云中的 PaaS 是一样的。唯一的区别
是它在本地运行。

无论是为微服务、单体应用还是其他任何东西而使用云服务,部署到云端的
方法并没有不同。唯一的可能区别是,微服务很可能有一个把发布版本推送到生
产环境的持续集成和持续部署(即 CI/CD)流程。与自动部署相比,一个单体应用的
部署有可能需要更大的协调工作。

5.5　开始使用 Minishift

首先需要在本地机器上安装 Minishift。访问 http://mng.bz/w6g8 并按照说明安
装必要的先决条件(如果没有安装),然后安装 Minishift。

注意　示例已使用 Minishift 1.12.0 和 OpenShift 3.6.1 进行过测试。

安装好 Minishift 后,打开终端窗口并以默认设置启动。

```
minishift start
```

默认情况下,它会提供一个配置为两个虚拟 CPU、2GB 内存和 20GB 硬盘空间
的虚拟机。在 Minishift 启动时,终端会展示 Minishift 当前的详细活动,包括正在
安装的 OpenShift Origin 的版本。安装完成后,末尾的输出会给出 Web 控制台的 URL
的详细信息,以及开发者和管理员账户的登录凭据。

```
OpenShift server started.

The server is accessible via web console at:
    https://192.168.64.11:8443

You are logged in as:
    User:     developer
    Password: <any value>

To login as administrator:
    oc login -u system:admin
```

对于大多数事情,无论通过 Web 控制台还是通过 OpenShift 命令行接口(CLI),
都只需要开发者的凭据即可。另一个启动 OpenShift Web 控制台的便利方式如下

所示(无须记住 URL 和端口):

```
minishift console
```

这个命令会直接打开浏览器窗口并访问 Web 控制台的登录页面。登录后,控制台如图 5.4 所示。

图 5.4　OpenShift Web 控制台

默认情况下,一个崭新的OpenShift实例会建立一个名为 My Project 的空项目。可选择删除或创建新的项目,这个选择并不重要。

现在已经有一个可以部署服务的云环境,但首先需要让服务"可部署"到云中。

5.6　微服务的云部署

接下来将使用第 4 章中更新过的管理服务并添加必要的配置以支持它能够部署到云。

截至目前,部署应用最容易的方式是使用 fabric8 Maven 插件(https://maven.fabric8.io/)。这个插件的最大好处是,它可以把 Java 应用带入 OpenShift 或 Kubernetes 的世界。可以使用无配置的部署,也可以随需添加配置。

修改 pom.xml 文件,在一个名为 openshift 的配置文件中包含这个插件,如代码清单 5.1 所示。

代码清单 5.1　OpenShift 部署的 Maven 配置文件

```
<profile>
  <id>openshift</id>
  <build>
    <plugins>
      <plugin>
        <groupId>io.fabric8</groupId>                              fabric8 Maven
        <artifactId>fabric8-maven-plugin</artifactId>  ◄─────────  插件的名称
        <version>3.5.33</version>
        <executions>
          <execution>
```

在容器中生
成应用的
Docker 镜像
```
      <goals>
        <goal>resource</goal>
        <goal>build</goal>
      </goals>
    </execution>
   </executions>
  </plugin>
 </plugins>
</build>
</profile>
```
创建 Kubernetes 或 OpenShift
资源描述符

插件中定义的目标代表希望用它做的事情。使用这个配置，插件会创建必要的 OpenShift 资源描述符，然后使用 Docker 构建容器镜像，其中包含部署。这段代码与直接使用 Docker 创建镜像的方式并无区别，但免去了每次使用时都要记住正确命令的麻烦。

之前提到这个插件生成了资源描述符，但具体是什么呢？可以看一下代码清单 5.2。

代码清单 5.2　service-chapter5-admin.json

```json
{
  "apiVersion":"v1",
  "kind":"Service",
  "metadata": {
    "annotations": {
      "fabric8.io/git-branch":"master",
      "fabric8.io/git-commit":"377ac684babee220885246de1700d76e3d11a8ab",
      "fabric8.io/iconUrl":"img/icons/wildfly.svg",
      "fabric8.io/scm-con-url":"scm:git:git@github.com:kenfinnigan/ejm-
➥ samples.git/chapter5/chapter5-admin",
      "fabric8.io/scm-devcon-url":"scm:git:git@github.com:kenfinnigan/ejm-
➥ samples.git/chapter5/chapter5-admin",
      "fabric8.io/scm-tag":"HEAD",
      "fabric8.io/scm-url":"https://github.com/kenfinnigan/ejm-
➥ samples/chapter5/chapter5-admin",
      "prometheus.io/port":"9779",
      "prometheus.io/scrape":"true"
    },
    "creationTimestamp":"2017-11-21T01:47:02Z",
    "finalizers":[],
    "labels": {
      "app":"chapter5-admin",
      "expose":"true",
      "group":"ejm",
      "provider":"fabric8",
      "version":"1.0-SNAPSHOT"
    },
    "name":"chapter5-admin",
    "namespace":"myproject",
    "ownerReferences":[],
    "resourceVersion":"3074",
    "selfLink":"/api/v1/namespaces/myproject/services/chapter5-admin",
    "uid":"decf5db7-ce5d-11e7-994e-0afca351eb6b"
```

```
    },
    "spec": {
      "clusterIP":"172.30.221.166",
      "deprecatedPublicIPs":[],
      "externalIPs":[],
      "loadBalancerSourceRanges":[],
      "ports": [
        {
          "name":"http",
          "port":8080,
          "protocol":"TCP",
          "targetPort":8080
        }
      ],
      "selector": {
        "app":"chapter5-admin",
        "group":"ejm",
        "provider":"fabric8"
      },
      "sessionAffinity":"None",
      "type":"ClusterIP"
    },
    "status": {
      "loadBalancer": {
        "ingress":[]
      }
    }
  }
}
```

　　这是插件能创建的众多资源描述中的一种，它依赖于指定的选项。对于每个要部署的微服务，你应该并不想手动创建这些文件。fabric8 Maven 插件的美好之处在于它隐藏了所有的样板配置，所以一般不需要感知到它们。

　　如果需要对服务配置进行更多的微调控制，那么可以让插件使用定制的 YAML 文件来生成所需的 JSON。这已经超出本书的讨论范畴，但可以在 fabric8 的网站(https://maven.fabric8.io/)上找到更多的信息。

　　尽管 Minishift 已经启动，但在使用 fabric8 Maven 插件部署服务之前，还需要做一件事：在终端登录 OpenShift。原因在于 fabric8 Maven 插件会使用登录凭据创建 OpenShift 中的资源。这只需要做一次即可，除非认证会话过期导致需要重新登录。

　　为了登录，需要安装 OpenShift CLI，有以下两种方法：
- 在系统路径中添加.minishift/cache/oc/v3.6.0目录，因为 Minishift 会下载 oc 二进制文件。
- 直接从 www.openshift.org/download.html 下载 CLI。

安装 CLI 后，就可以在终端中进行认证。

```
oc login
```

你会被要求输入用户 ID(即 developer)和密码。

接下来会暂时使用默认的 My Project,所以可以使用下面的命令把管理服务部署到 OpenShift 中:

```
mvn clean fabric8:deploy -Popenshift
```

上面的命令调用了 fabric8 的 deploy 目标,它会在 pom.xml 中定义的 resource 和 build 目标之后执行。此处也指定了使用的配置文件为 openshift,因此 fabric8 Maven 插件是可用的。

在终端将会看到常见的 Maven 构建日志,其中混入了来自 fabric8 插件的消息,它们展示部署到 OpenShift 的活动。在完成服务的部署后,可在控制台中打开 My Project 并看到已部署的服务的详细信息,如图 5.5 所示。

这里可以轻松查看服务中的各种信息:

● 部署的名称;
● 部署使用的 Docker 镜像;
● 创建 Docker 镜像的构建任务;
● 容器暴露的端口;
● 正在运行的 pod 和它们的健康状态;
● 指向部署的外部路由。

注意　pod 是一组使用共享存储和网络基础设施的容器(如 Docker 容器)。一个 pod 相当于一个配置了应用的物理或虚拟机器。

图 5.5　OpenShift Web 控制台展示管理服务

单击供外部访问的路由 URL 会在新的浏览器窗口中打开服务的根 URL。因为管理服务并不处理 / 地址,所以只有在修改浏览器中的 URL 并包含 /admin/category 之后,才能看到从数据库中查询出的 JSON 数据。

管理服务运行后，可以扩展运行该服务的实例的数量吗？在 OpenShift 控制台中可以超级简单地进行扩展。如果 chapter5-admin 部署没有展开，那么展开它，如图 5.6 所示。然后单击蓝色圆圈旁边的箭头，它指示了当前的 pod 数量。之前已经提到过，pod 是 Kubernetes 容器化部署中的一个术语，本质上是给定服务的实例数量。

现在可以看到，pod 的数量从默认的 1 增加到 3。打开几个隐私模式的浏览器窗口，在每个窗口中单击/admin/category 端点若干次。然后回到 OpenShift 控制台并查看每一个正在运行的 pod 的日志。此时会看到每个 pod 中的 SQL 调用。

图 5.6　管理服务的 pod 实例

如果想移除管理服务，那么只需要简单地使用下面的命令，就能将其从 OpenShift 中移除：

```
mvn fabric8:undeploy -Popenshift
```

警告　卸载部署时并不使用 Maven 的 clean 目标。作为部署的一部分，fabric8 在 /target 目录中保存包含所有部署到 OpenShift 的资源的详细信息在内的文件。如果在运行 undeploy 前执行 clean 目标进行清理，那么 fabric8 就完全不知道需要卸载哪些东西，也就做不了任何事情。

可以在本地的 Minishift 中把管理服务部署到 OpenShift，也可以卸载管理服务，但是可以用同样的方式执行测试吗？这就是下一节的内容。

5.7　在云中测试

既然可以使用 Minishift 把管理服务部署到本地云中，那么也可以用这个本地云进行测试吗？当然可以。

为开发与 OpenShift 集成的测试，需要使用 Arquillian 生态系统中的扩展 Arquillian Cube(http://arquillian.org/arquillian-cube/)。Arquillian Cube 通过提供一些钩子控制 Docker 容器的执行，由此提供在 Docker 容器中运行测试的能力。尽管 OpenShift 不只是 Docker，但因为它使用 Docker 容器的镜像，所以仍可以使用 Arquillian Cube 来控制部署并运行测试。

与集成测试相比，在云中执行测试有什么好处呢？归根结底，这一切都是为了能在与生产环境尽可能接近的环境中测试微服务。如果要把微服务部署到云上的生产环境，那么排查问题时的最佳机会是使用一个能够把测试也推到云上的部署。为达到这个目的，需要在 pom.xml 中添加如下内容，如代码清单 5.3 所示。

代码清单 5.3　Arquillian Cube 依赖项

```
<dependencyManagement>
  <dependencies>
    <dependency>
      <groupId>org.arquillian.cube</groupId>
      <artifactId>arquillian-cube-bom</artifactId>      ◀── 导入所有的 Arquillian
      <version>1.12.0</version>                              Cube 依赖项，以便使
      <type>pom</type>                                       它们可用
      <scope>import</scope>
    </dependency>
  </dependencies>
</dependencyManagement>

<dependencies>
  <dependency>
    <groupId>org.arquillian.cube</groupId>
    <artifactId>arquillian-cube-openshift</artifactId>    ◀── 给项目添加 Arquillian
    <scope>test</scope>                                        Cube 的主工件作为测
    <exclusions>                                               试的依赖
      <exclusion>
        <groupId>io.undertow</groupId>
        <artifactId>undertow-core</artifactId>            ◀── 从 Arquillian Cube 中排除
      </exclusion>                                             传递的依赖项 Undertow，
    </exclusions>                                              因为它会影响 Thorntail
  </dependency>
  <dependency>
    <groupId>org.awaitility</groupId>
    <artifactId>awaitility</artifactId>                   ◀── 为 Awaitility 添加测试
    <version>3.0.0</version>                                   依赖项，以帮助等待端
    <scope>test</scope>                                        点可用
  </dependency>
</dependencies>
```

因为想在云环境之外也能够运行测试(尽管第 5 章的代码目前已经被移除)，所以需要一个独立的配置文件来激活云环境(即 OpenShift)中的测试。

```
<profile>
  <id>openshift-it</id>
```

```
<build>
  <plugins>
    <plugin>
      <groupId>org.apache.maven.plugins</groupId>
      <artifactId>maven-failsafe-plugin</artifactId>
      <executions>
        <execution>
          <goals>
            <goal>integration-test</goal>
            <goal>verify</goal>
          </goals>
        </execution>
      </executions>
    </plugin>
  </plugins>
</build>
</profile>
```

这里告诉 Maven 要使用 maven-failsafe-plugin 执行测试，目标为 integration-test，然后使用 verify 目标验证结果。

现在，开始创建测试。接下来会创建一个与第 4 章的集成测试类似的测试(如代码清单 5.4 所示)，但它会在云(即 OpenShift)中执行，而不是在本地实例上执行。由于 fail-safe 插件要求在测试类的名称中包含 IT 才能进行激活，因此把测试类名改为 CategoryResourceIT。

代码清单 5.4　CategoryResourceIT

```
@RunWith(Arquillian.class)
public class CategoryResourceIT {          为 chapter5-admin 注入一个指
                                           向 OpenShift 路由的 URL
    @RouteURL("chapter5-admin")
    private URL url;
                                           在测试之前执行的方法，
    @Before                                用来确保准备工作就绪
    public void verifyRunning() {
        await()
                                           等待/admin/category 返回 200 响
            .atMost(2, TimeUnit.MINUTES)    应的时间不超过两分钟
            .until(() -> {
                try {
                    return get(url + "admin/category").statusCode() ==
200;
                } catch (Exception e) {
                    return false;
                }
            });                            设置 RestAssured 使
                                           用的根 URL
        RestAssured.baseURI = url + "/admin/category";
    }

    @Test
    public void testGetCategory() throws Exception {
        Response response =
```

```
            given()
                    .pathParam("categoryId", 1014)
            .when()
                    .get("{categoryId}")
            .then()
                    .statusCode(200)
                    .extract().response();
```

使用 ID 1014 获取类别，
确保接收到 200 响应

```
        String jsonAsString = response.asString();

        Category category = JsonPath.from(jsonAsString).getObject("",
    Category.class);

        assertThat(category.getId()).isEqualTo(1014);
        assertThat(category.getParent().getId()).isEqualTo(1011);
        assertThat(category.getName()).isEqualTo("Ford SUVs");
        assertThat(category.isVisible()).isEqualTo(Boolean.TRUE);
    }
}
```

验证接收到的 Category 的
详细信息与期望的相匹配

现在进行测试。

首先需要确保 Minishift 已经在运行，并且已通过 oc login 进行了登录。注意认证会过期。如果这些都已完成，那么执行以下命令：

```
mvn clean install -Popenshift,openshift-it
```

此时会激活 openshift 和 openshift-it 的配置文件。openshift-it 会执行测试，但如果没有 openshift，管理服务就不会被部署到 OpenShift。如果成功地部署服务并且通过测试，那么终端会显示 Maven 构建已经完成，并且没有错误。

虽然现在只了解了 fabric8 Maven 插件和 Minishift 的皮毛，但是你已有一个坚实的基础，可以自己开始进一步探索。因为还需要一段时间才会再次使用 Minishift，所以暂时可以停止它。

```
minishift stop
```

5.8　额外练习

这里有一些额外的练习，以便让你对 Openshift 有更多理解并改进代码示例。

- 修改管理服务的部署，让其在 OpenShift 上运行时使用 PostgreSQL 或 MySQL。
- 为 CategoryResourceIT 添加测试方法，包括创建 Category，以及名称校验失败的用例。

如果完成了这些练习并且想在本书的代码中包含它们，请在 GitHub 上提交一个合并请求。

5.9　本章小结

- 通过选用在内部使用 CaaS 的 PaaS，可以利用不可变容器镜像的优势。
- Minishift 提供了一个云环境，使得能够在本地机器上使用 OpenShift。它无须开通许多机器，就能同时简化微服务的执行和测试。
- fabric8 Maven 插件移除了在 OpenShift 或 Kubernetes 中定义资源和服务需要的所有样板配置，以便在微服务运行到云上之前减少配置障碍。

第 II 部分

实现企业级Java微服务

第 II 部分会深入研究微服务开发，涵盖的话题包括消费其他微服务，服务注册和发现、容错以及安全。

这六章还会使用本书开发的微服务与 Cayambe 单体进行微服务的混合开发。最后，在学习微服务之间以及微服务与混合体之间共享数据的内容时，将使用 Kafka 添加数据流。

第 *6* 章

消费微服务

本章涵盖:
- 如何消费微服务
- 消费微服务时的选择

消费微服务对很多人来说意味着许多事情。微服务的客户端可以是脚本、Web
页面、其他微服务或任何能够创建 HTTP 请求的东西。如果想涵盖所有内容,那
么仅本章就能成为独立的一本书。

开发微服务很有趣,但只有在引入很多进行交互的微服务之后,你才会跨出
一大步。为让两个微服务进行交互,需要有一个方法让它们互相调用。

本章会提供一些示例,重点介绍使用基于 Java 的库消费另一个微服务的微服
务,但展示的方法也可以应用到任何消费微服务的 Java 客户端。

如果使用企业级 Java,两个服务将通过直接的服务调用进行交互,如图 6.1
所示。

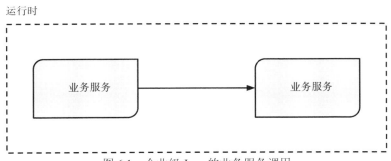

图 6.1　企业级 Java 的业务服务调用

服务的调用通过下面的方式完成:

- 使用 EJB 的@EJB 进行注入。
- 使用 CDI 的@Inject 进行注入。
- 通过一个静态方法或变量获取服务的一个实例。
- Spring 的依赖注入(通过 XML 或注解)。

所有的选项都要求两个微服务处于同一个 JVM 和运行时中,如图 6.1 所示。

图中展示了一个微服务正在调用另一个微服务的情况。它们处在同一个微服务环境中,但这并不是必需的。再次查看图 1.4,可发现图 6.2 强调了本章的重点,即解决不同运行时中的两个微服务进行通信的方法。

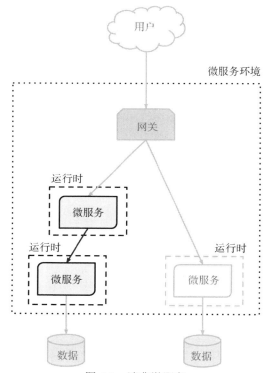

图 6.2   消费微服务

在我们的特殊情况中,将使用第 2 章的新 Cayambe 管理微服务,并使用不同的库开发它的客户端。图 6.3 展示了微服务客户端的适用位置。使用短期方法获取类别数据,直到确定最终方案。

通过使用那些直接与 HTTP 请求打交道的低层次的库,你将首先了解如何消费微服务。由于它们处理 HTTP 请求,因此可以与那些没有暴露 RESTful 端点的微服务一起使用。然后你将学习那些专门为简化 RESTful 端点调用而设计的客户端库。它们提供 HTTP 请求之上的更高的抽象层次,极大地简化了客户端代码(你

将在我们的示例中看到具体内容)。本节的代码可以在本书示例代码的/chapter6 目
录中找到。

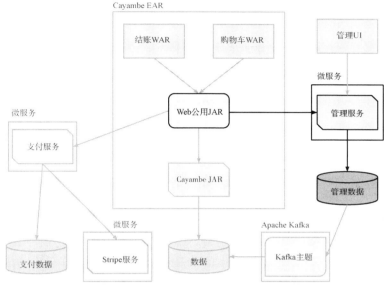

图 6.3 Cayambe 管理微服务的客户端

对于每一个客户端库,可以实现一个服务,用来调用 CategoryResource 这个
RESTful 端点(创建于第 2 章),然后把接收到的数据作为响应返回给调用者。

提示 可以设置 CategoryResource 启动的端口,以防止与其他微服务的端口冲突。
设置 Maven 插件中的 swarm.port.offset 属性的值为 1。

每个微服务都需要一个对象来代表从管理服务收到的类别 JSON。为方便起
见,每个客户端库的 Maven 模块将有自己的 Category 对象,它将被用来反序列化
管理服务返回的响应,如代码清单 6.1 所示。

代码清单 6.1 Category 模型类

```
@JsonIdentityInfo(generator = ObjectIdGenerators.PropertyGenerator.class,
➡ property = "id")                        ◀──── 使用 Category 的 ID 定义这个键,
public class Category {                          用于对接收到的 JSON 格式的子
                                                 类别集合进行反序列化

    protected Integer id;

    protected String name;

    protected String header;

    protected Boolean visible;
```

```
protected String imagePath;

protected Category parent;

private Collection<Category> children = new HashSet<>();

protected LocalDateTime created = LocalDateTime.now();

protected LocalDateTime updated;

protected Integer version;

...
}
```

初始化子类别的集合，以确保即使
子类别为空，它也是有效的集合

为简洁起见，这里省去了 getter 和 setter 方法。不过本书的源代码中包含了完整的代码。

除此之外，每个微服务需要访问 ExecutorService，以便在新线程中提交需要处理的任务。下面使用 Java EE 提供的一个 ExecutorService，以便服务能够以同样的方式获取它。

```
private ManagedExecutorService executorService() throws Exception {
    InitialContext ctx = new InitialContext();
    return (ManagedExecutorService)
        ctx.lookup("java:jboss/ee/concurrency/executor/default");
}
```

这里通过服务名称进行了一次简单的 JNDI 查找，并返回可以用来提交任务的实例。

注意 ExecutorService 是由 WildFly 定义的。为从 JNDI 那里获取它，我们无须做任何事情。

你的服务本来可以很容易地直接创建新 Thread 来执行任何工作任务，但这样的话，新线程将处于 Java EE 线程池的管理之外。这是一个问题吗？不一定，但如果运行时的线程池的大小几乎与可用的 JVM 线程一样大，就会出现问题。在这种情况下，如果在 Java EE 线程池之外创建线程，就可能会耗尽所有可用的 JVM 线程。一般来说，最好不要直接创建线程，而是使用 ExecutorService 创建。

因为在同步和异步的不同使用场景下消费微服务的客户端代码不同，所以每个使用客户端库的资源都包含两个端点。

- /sync——同步处理来自调用者的请求。
- /async——异步处理来自调用者的请求。

在传统方式下，服务是以同步方式与那些完成响应所需的其他资源进行通信。随着企业对于交付更高的性能和扩展性的需求的增长，我们已经在服务中转向更好的异步行为。在本章和本书的剩余部分中，将学习同步和异步的使用模式。为增强微服务的好处，也需要一定程度的异步行为；否则，就会大幅减少分布式的好处。如果要走那条路，还不如坚持使用单体应用。

注意　每一个微服务都定义了一个 categoryUrl 字段，它被硬编码为 http://localhost:
8081/admin/categorytree。在生产环境中不会这么做，但它达到了简化示例的目的。在第 7 章中，我们会看到如何使用服务发现来连接其他微服务。

6.1　使用 Java 客户端库消费微服务

本节将看到使用低层次库消费微服务的例子。这些库直接处理 HTTP 请求。尽管这让代码更加冗长并需要额外的数据处理，但它确实在进行调用方面提供了最大的灵活性。例如，如果一个微服务需要与许多不同类型的 HTTP 资源进行交互，这些库可能是更好的选择，因为在这种情况下添加一个仅用于 RESTful 端点交互的库是没有意义的。

6.1.1　java.net

从一开始，java.net 包中的类就是 JDK 的一部分。尽管这些年来已经对它们进行了增强和更新，但它们依然专注于低层次的 HTTP 交互。它们不是为消费 RESTful 端点而设计的，所以需要一定程度上的烦琐代码。

首先是 DisplayResource 的第一个方法，如代码清单 6.2 所示。

代码清单 6.2　使用 java.net 的 DisplayResource

```
@GET
@Path("/sync")
@Produces(MediaType.APPLICATION_JSON)
public Category getCategoryTreeSync() throws Exception {
    HttpURLConnection connection = null;
                                                        创建指向 CategoryResource
                                                        的 URL
    try {
        URL url = new URL(this.categoryUrl);
        connection = (HttpURLConnection) url.openConnection();

设置连接的
HTTP 请求
方法为 GET
                                                        设置接收到的响应的媒体类
                                                        型为 application/json
        connection.setRequestMethod("GET");
        connection.setRequestProperty("Accept", MediaType.APPLICATION_JSON);

        if (connection.getResponseCode() != HttpURLConnection.HTTP_OK) {
            throw new RuntimeException("Request Failed: HTTP Error code: " +
    connection.getResponseCode());
        }

检查响应码不是 OK
```

创建一个新的 ObjectMapper
来执行 JSON 反序列化

注册 JavaTimeModule,
用来把 JSON 转换成
LocalDateTime 实例

```
return new ObjectMapper()
        .registerModule(new JavaTimeModule())
        .readValue(connection.getInputStream(), Category.class);

    } finally {
        assert connection != null;
        connection.disconnect()
    }
}
```

把接收到的响应中的 InputStream
传给 ObjectMapper,将其反序列
化为 Category 实例

关闭指向 CategoryResource
的连接

尽管是在处理一个简单的 RESTful 端点,但与之进行通信的客户端代码显然
不是简单的,而且它们是同步的。

代码清单 6.3 对前述代码进行了变更,使用异步方式处理客户端请求。

代码清单 6.3   使用 java.net 的 DisplayResource(异步方式)

```
@GET
@Path("/async")
@Produces(MediaType.APPLICATION_JSON)
public void getCategoryTreeAsync(
    @Suspended final AsyncResponse asyncResponse)
    throws Exception {
    executorService().execute(() -> {
        HttpURLConnection connection = null;

        try {
            // The code to open the connection, check the status code,
            // and process the response is identical to the synchronous
            // example and has been removed.

            asyncResponse.resume(category);
        } catch (IOException e) {
            asyncResponse.resume(e);
        } finally {
            assert connection != null;
            connection.disconnect();
        }
    });
}
```

将以异步方式
处理请求

把 lambda 表达式传给
执行器进行处理

使用反序列化后的 Category
实例来恢复 AsyncResponse

使用异常来恢复 AsyncResponse

代码清单 6.3 引入之前没有出现过的概念——@Suspended 和 AsyncResponse。
这两部分是 JAX-RS 异步处理客户端请求的核心部分。@Suspended 告诉 JAX-RS
运行时来自客户端的 HTTP 应该被挂起,直到响应已经就绪。AsyncResponse 指
示开发者如何通知运行时响应已经就绪或未能完成。

那具体是什么样的?可以参见图 6.4。

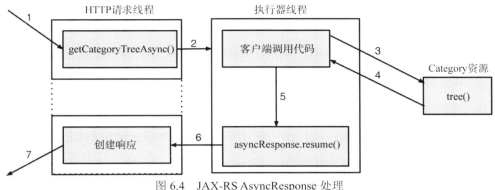

图 6.4　JAX-RS AsyncResponse 处理

下面是图 6.4 中每一步发生的事情：

(1) 来自浏览器或其他客户端的请求到达服务端。

(2) getCategoryTreeAsync()触发在单独线程中执行的代码。在 getCategoryTreeAsync() 方法结束时，客户端请求被挂起，同时正在处理它的 HTTP 请求线程被用于处理其他请求。

(3) 发起访问外部微服务的 HTTP 请求。

(4) 收到来自外部微服务的 HTTP 响应。

(5) 响应的数据被传给 asyncResponse.resume()。

(6) 客户端请求在 HTTP 请求线程中被重新激活并构建响应。

(7) 响应返回到浏览器或者任何发起请求的客户端。

警告　在 RESTful 端点中使用@Suspended 并不会阻止客户端在调用端点时的阻塞。只有允许更大的请求吞吐量时，这么做才会让服务器受益。如果没有 @Suspended，那么一个 JAX-RS 资源只能处理与可用线程数相同的请求数，因为每个请求都会阻塞线程直到方法完成。

现在已经构建了服务，所以可以启动它们。

在本书示例代码的/chapter6/admin 目录中执行以下命令：

```
mvn thorntail:run
```

CategoryResource 将会启动，并且可以在浏览器中通过 http://localhost:8081/ admin/categorytree 访问。

现在启动 DisplayResource。在/chapter6/java-net 目录中执行下列命令：

```
mvn thorntail:run
```

我们可以在浏览器中访问这些微服务： http://localhost:8080/sync 和 http://localhost:8080/async。这两个在浏览器中打开的 URL 都会展示当前在管理微服务中存在的类别树。

6.1.2   Apache HttpClient

通过 Apache HttpClient，可以获得 java.net 中的类之上的抽象，从而最小化与底层 HTTP 连接进行交互所需的代码。DisplayResource 中的代码与之前的代码并没有太大差异，但它改善了代码的可读性。

例如，看一下 DisplayResource 的第一个方法，如代码清单 6.4 所示。

代码清单 6.4   使用 HttpClient 的 DisplayResource

```
@GET                                              在 try-with-resources 语句中
@Path("/sync")                                    创建一个 HTTP 客户端
@Produces(MediaType.APPLICATION_JSON)
public Category getCategoryTreeSync() throws Exception {
    try (CloseableHttpClient httpclient = HttpClients.createDefault()) {

执行 HttpGet，传入一个响          使用 CategoryResource URL
应的处理程序                        端点创建一个 HttpGet 实例        指定接收
                                                                     JSON 响应
        HttpGet get = new HttpGet(this.categoryUrl);
        get.addHeader("Accept", MediaType.APPLICATION_JSON);

    return httpclient.execute(get, response -> {
        int status = response.getStatusLine().getStatusCode();
        if (status >= 200 && status < 300) {
验证响应            return new ObjectMapper()
码是 OK                 .registerModule(new JavaTimeModule())
                        .readValue(response.getEntity().getContent(),
Category.class);
            } else {
                throw new ClientProtocolException("Unexpected response
status: " + status);
            }                                  从响应中提取 HttpEntity。使用
        });                                    ObjectMapper 把这个实体转换
    }                                          成 Category 实例
}
```

即使是这个简短的例子，也能看到客户端代码在发起 HTTP 请求时是多么简单。如果使用@Suspended，代码会变得更简单(如代码清单 6.5 所示)。

代码清单 6.5   使用 HttpClient 和@Suspended 的 DisplayResource

```
@GET                                              在独立的线程中
@Path("/async")                                   执行调用代码
@Produces(MediaType.APPLICATION_JSON)
public void getCategoryTreeAsync(@Suspended final AsyncResponse
 asyncResponse) throws Exception {
    executorService().execute(() -> {
        try (CloseableHttpClient httpclient = HttpClients.createDefault()) {
            HttpGet get = new HttpGet(this.categoryUrl);
```

```
        // The code to initiate the HTTP GET request and convert the
➥ HttpEntity
        // is identical to the synchronous example and has been removed.

        asyncResponse.resume(category);  ◄────── 使用接收到的类别
    } catch (IOException e) {                    恢复 AsyncResponse
        asyncResponse.resume(e);
    }
    });
}
```

同样，这个方法与同步的例子很类似，但用到了 @Suspended 和 AsyncResponse。它们向 JAX-RS 表明，此处想在调用外部微服务时让 HTTP 请求挂起。

如果已经在 http://localhost:8081 上运行了 CategoryResource 微服务，那么现在可以启动使用 Apache HttpClient 的新微服务。

警告　在运行这个微服务之前，需要停止任何之前运行的微服务，因为它们使用了同样的端口。

切换到/chapter6/apache-httpclient 目录，并运行下列命令：

```
mvn thorntail:run
```

现在可以在浏览器中访问微服务：http://localhost:8080/sync 和 http://localhost:8080/async。和之前的微服务一样，可以看到管理微服务中当前存在的类别树。

在本节中，我们介绍了一些客户端库，它们专注于直接使用 URL 和 HTTP 请求方法。在与 HTTP 资源进行交互时，它们很好；但在处理 RESTful 端点时，它们却很冗长。有没有进一步简化客户端代码的库呢？

6.2　使用 JAX-RS 客户端库消费微服务

本节会介绍比 HTTP 的抽象层次更高的客户端库。这些库都提供专门用于与 JAX-RS 端点通信的 API。

6.2.1　JAX-RS 客户端

多年来，JAX-RS 一直被定义为 Java EE 的 JSR 311 和 JSR 339 规范的一部分。作为这些规范的一部分，JAX-RS 有一个客户端 API，它为开发者提供更简洁的从 JAX-RS 资源中调用 RESTful 端点的方式。

那么使用 JAX-RS 客户端库的好处是什么？它让你忘记用于连接 RESTful 微服务的低层次的 HTTP 连接并专注在必要的元数据上，例如：

- HTTP 方法
- 传递的参数
- 参数的 MediaType 格式和返回类型
- 需要的 cookie
- 任何用来消费 RESTful 微服务的其他元数据

在使用 JAX-RS 客户端库时，需要注册一个提供者，以便在处理响应时将 JSON 数据反序列化为 LocalDateTime 实例。为达到这个目的，需要代码清单 6-6(随后的示例中会用到它)。

代码清单 6.6 ClientJacksonProvider

创建一个新 ObjectMapper 实例

为 ObjectMapper 实例提供 ContextResolver

```java
public class ClientJacksonProvider implements ContextResolver<ObjectMapper> {

    private final ObjectMapper mapper = new ObjectMapper()

        .registerModule(new JavaTimeModule());

    @Override
    public ObjectMapper getContext(Class<?> type) {
        return mapper;
    }
}
```

注册 JavaTimeModule，以便处理 LocalDateTime 转换

返回被请求时创建的 ObjectMapper 的实例

再一次从同步示例端点开始，如代码清单 6.7 所示。

代码清单 6.7 使用 JAX-RS 客户端的 DisplayResource

创建一个 JAX-RS 客户端

```java
@GET
@Path("/sync")
@Produces(MediaType.APPLICATION_JSON)
public Category getCategoryTreeSync() {
    Client client = ClientBuilder.newClient();

    return client
        .register(ClientJacksonProvider.class)
        .target(this.categoryUrl)
        .request(MediaType.APPLICATION_JSON)

        .get(Category.class);
}
```

指定响应为 JSON 格式

注册代码清单 6.6 中定义的提供者

把客户端的目标设置为 CategoryResource 的 URL

创建 HTTP GET 请求，并把响应体转换成 Category

如果将代码清单 6.7 与任何一个纯 Java 客户端库进行比较，就会看到在调用外部微服务时，这里的代码有明显的简化，并且更加连贯。

这很重要吗？就执行请求和处理响应所需的功能而言，一点也不重要。事实上，让开发者容易理解现有的代码或开发新代码更重要。我把这个问题留给读者

评判，但我本人更喜欢看到上面的示例，而不是我们目前看到的其他示例。

JAX-RS 客户端库也能改善异步代码的可读性吗？看一下代码清单 6.8。

代码清单 6.8　使用 JAX-RS 客户端和@Suspended 的 DisplayResource

```
@GET
@Path("/async")
@Produces(MediaType.APPLICATION_JSON)
public void getCategoryTreeAsync(@Suspended final AsyncResponse
⮕ asyncResponse) throws Exception {
  executorService().execute(() -> {
     Client client = ClientBuilder.newClient();

     try {
        Category category = client.target(this.categoryUrl)
           .register(ClientJacksonProvider.class)
           .request(MediaType.APPLICATION_JSON)
           .get(Category.class);

        asyncResponse.resume(category);
     } catch (Exception e) {
        asyncResponse.resume(Response
                                .serverError()
                                .entity(e.getMessage())
                                .build());
     }
  });
}
```

返回构造的响应，包括异常消息，而不只是传递异常本身

与所有异步用法一样，这里指定@Suspended 和 AsyncResponse。这里也使用 ManagedExecutorService 提供新线程来处理调用，并且使用 asyncResponse.resume() 设置响应。

还可以使用 JAX-RS 客户端库本身的异步功能，如代码清单 6.9 所示。

代码清单 6.9　使用 JAX-RS 客户端和 InvocationCallback 的 DisplayResource

```
@GET
@Path("/asyncAlt")
@Produces(MediaType.APPLICATION_JSON)
public void getCategoryTreeAsyncAlt(@Suspended final AsyncResponse
⮕ asyncResponse) {
   Client client = ClientBuilder.newClient();
   WebTarget target = client.target(this.categoryUrl)
         .register(ClientJacksonProvider.class);
   target.request(MediaType.APPLICATION_JSON)
         .async()
         .get(new InvocationCallback<Category>() {
            @Override
            public void completed(Category result) {
               asyncResponse.resume(result);
            }
```

表明期望这个调用是异步的

传递 InvocationCallback 及其方法，以便处理成功和失败的情况

```
@Override
public void failed(Throwable throwable) {
    throwable.printStackTrace();
    asyncResponse.resume(Response
        .serverError()
        .entity(throwable.getMessage())
        .build());
    }
});
}
```

这第二个异步版本更改了新线程中执行的代码片段，但不会更改最终结果。在 getCategoryTreeAsync()中，我们把 RESTful 端点代码传给一个新线程，这样HTTP 请求线程几乎可以在处理后快速解除阻塞。getCategoryTreeAsyncAlt()的不同之处在于，它在新线程中仅执行向外部微服务发起 HTTP 请求的部分。用来发起HTTP 请求所需的设置代码都发生在客户端请求所在的线程中。

由于getCategoryTreeAsyncAlt()使用为客户端而打开的HTTP 请求线程的时间最长，因此它会导致每个客户端在一个线程上阻塞的时间超过必要的时间，从而降低 RESTful 端点的吞吐量。尽管这个影响可能很小，但如果有足够多的请求，影响仍然存在。

那么，为什么要展示一个对吞吐量有负面影响的劣质方法呢？首先，作为一种方式，它表明可以有许多方法来实现类似的目标。其次，许多微服务可能不会有足够多的并发客户端请求，从而无法显著地影响性能并导致问题。在这种情况下，开发者可能优先选择回调方式——因为在一个选项不会影响性能时，这是一个合情合理的选择。

在切换到使用 JAX-RS 客户端库时，已经简化了调用代码，并且使其让人更能理解。这当然比低层次的库更易于开发，但在使用灵活性方面确实付出了代价。

失去什么灵活性呢？对于大部分用例，JAX-RS 客户端库并不会有任何影响，但在调用使用了二进制协议的微服务时会更加困难。根据具体的协议，可能需要开发自定义处理程序和提供者或者合并提供这些特性的其他第三方库。

切换到/chapter6/jaxrs-client 目录并执行下列命令：

```
mvn thorntail:run
```

现在可以在浏览器中访问它们：http://localhost:8080/sync 和 http://localhost:8080/async。与前面的示例一样，将看到当前在管理微服务中存在的类别树。

6.2.2　RESTEasy 客户端

RESTEasy 是 JAX-RS 规范的一个实现，可以在 WildFly 中使用，也可以独立使用。尽管 RESTEasy 客户端库的很多部分与 JAX-RS 客户端 API 提供的部分相同，但它提供了一个特别有趣的特性。

使用 JAX-RS 客户端库时，可以通过链式方法来指定期望调用的 RESTful 端点，构建包含端点、URL 路径、参数、返回类型、媒体类型等的集合。这样的做法没有错误，但对于更熟悉使用 JAX-RS 创建 RESTful 端点的开发者来说，这并不是很自然。

使用 RESTEasy 时，可以使用一个接口以及为它生成的一个代理来重新创建用于通信的 RESTful 端点。这个方式允许通过接口来使用外部微服务，就像这些微服务位于你自己的代码库中一样。

对于外部的 CategoryResource 微服务，可以用代码清单 6.10 所示的方式创建接口。

代码清单 6.10　CategoryService

```
@Path("/admin/categorytree")
public interface CategoryService {
    @GET
    @Produces(MediaType.APPLICATION_JSON)
    Category getCategoryTree();
}
```

此代码并没有特殊之处。除了是一个接口和没有方法实现外，它与其他 JAX-RS 端点类很类似。另一个好处是只需要在接口上定义微服务所需的方法即可。例如，如果外部的微服务有 5 个端点，而你的微服务只需要使用其中之一，那么定义外部微服务的接口只需要一个方法即可，无须定义整个外部微服务。

这么做有好处吗？答案是肯定的，它允许集中定义所要消费的外部微服务。如果微服务的方法发生了变化，但并不消费它，就无须更新接口，因为并不使用这些端点。

注意　采取这种方法后，使得相同接口在服务和客户端之间的共享变为可能。服务为实际的端点代码提供接口的实现。

警告　这样的方法尽管是可能的，但我们并不推荐在微服务中使用，因为它成为两个微服务都会依赖的一个独立库，并引入了发布的时序问题。这是一条危险的道路，只会给企业带来持续的痛苦。因此，更可取的做法是复制需要调用的方法。

现在已经定义了一个对应外部微服务的接口，那么如何使用它呢(参见代码清单 6.11)？

代码清单 6.11　使用 RESTEasy 的 DisplayResource

```
@GET
@Path("/sync")
@Produces(MediaType.APPLICATION_JSON)
public Category getCategoryTreeSync() {
    ResteasyClient client = new ResteasyClientBuilder().build();
    ResteasyWebTarget target = client.target(this.categoryUrl)
        .register(ClientJacksonProvider.class);

    CategoryService categoryService = target.proxy(CategoryService.class);
    return categoryService.getCategoryTree();
}
```

使用 RESTEasy 创建客户端

生成一个 CategoryService 的代理实现

通过代理调用 CategoryResource

设置请求的目标 URL 基本路径

这种做法把所有请求参数(如 URL 路径、媒体类型、返回类型等)的设置都转移到 CategoryService 接口。此时客户端代码与代理进行交互的行为就像在使用一个本地方法调用。通过把通用的请求参数值分离到单独的地方，我们对代码进行进一步的简化。当一个微服务需要调用不同 RESTful 端点中的相同外部微服务时，这个做法特别重要，因为我们不想重复那些无论从哪里调用都不会改变的信息。

下面看一下使用代理接口进行异步调用的示例(参见代码清单 6.12)。

代码清单 6.12　使用 RESTEasy 和@Suspended 的 DisplayResource

```
@GET
@Path("/async")
@Produces(MediaType.APPLICATION_JSON)
public void getCategoryTreeAsync(@Suspended final AsyncResponse
    asyncResponse) throws Exception {
    executorService().execute(() -> {
        ResteasyClient client = new ResteasyClientBuilder().build();

        try {
            ResteasyWebTarget target = client.target(this.categoryUrl)
                .register(ClientJacksonProvider.class);

            CategoryService categoryService =
    target.proxy(CategoryService.class);
            Category category = categoryService.getCategoryTree();
            asyncResponse.resume(category);
        } catch (Exception e) {
            asyncResponse.resume(Response
                                    .serverError()
                                    .entity(e.getMessage())
                                    .build());
        }
    });
}
```

同步和异步的 RESTful 端点之间唯一需要改变的地方在于，JAX-RS 的异步方式需要@Suspended 和@AsyncResponse，在独立的线程中提交客户端代码进行处理，并且在 asyncResponse.resume()中设置成功或失败。

使用代理的一个缺点是，当 RESTEasy 客户端库执行对外部微服务的调用时并不支持调用回调。因此，使用 RESTEasy 的 getCategoryTreeAsyncAlt()就会与使用 JAX-RS 客户端库的对应方法一样。

切换到/chapter6/resteasy-client 目录并执行下列命令：

```
mvn thorntail:run
```

现在可以在 http://localhost:8080/sync 和 http://localhost:8080/async 中访问微服务。每一个 URL 都会返回管理微服务中当前存在的类别树。

至此，我们已经介绍了几个提供更高层次抽象来与 RESTful 端点交互的客户端库。这些示例显示了客户端代码在降低复杂性和提高可读性方面的优势。

6.3　本章小结

- 基于 Java 的客户端库(如 java.net 和 Apache HttpClient)提供了使用 Java 进行低层次的访问网络的方式，但同时也导致了不必要的冗长代码。
- 基于 JAX-RS 的客户端库提供了更高的抽象，让消费微服务变得更简单。

第7章

服务发现

本章涵盖：

- 服务发现为何很重要
- 如何注册微服务，以便可以被客户端发现
- Thorntail 支持哪些服务注册中心
- 如何在客户端中查找微服务

为把 Cayambe 单体分解成单独的微服务，我们决定使用一个处理订单支付的微服务。第 10 章中的 Cayambe 单体将使用这个新微服务。

有数十家甚至数百家提供商提供了支付处理服务。首先，我们将开发与 Stripe 的基本集成(https://stripe.com/docs/quickstart)。为方便日后扩展支付提供商，我们将与 Stripe 自己的微服务进行集成。新的支付微服务会使用 Stripe 微服务来处理和记录与 Stripe 在线服务交互的支付信息。

在前面的章节中，介绍了如何通过直接引用微服务运行的 URL 来访问独立的微服务的方法。在本章中，为调用微服务时能更进一步，将把客户端从消费的微服务中解耦。

除非在开发一个仅为自己所用的微服务，否则几乎可以肯定，你需要拥有在生产环境中扩展微服务实例的能力。如果没有扩展的能力，那么应用在处理用户施加的负载时总会出现问题。

7.1 为什么微服务需要被发现

采用第 6 章的访问微服务的方式，新的 Payment 微服务将通过硬编码的 URL

定位 Stripe，如图 7.1 所示。

图 7.1   微服务的直接查找

对于测试本地微服务来说，这个方式足够完美，它确保微服务能完成其工作。但是，你并不期望在生产环境中使用硬编码的字符串来定位微服务。把微服务的一个节点实例从一个环境转移到另一个环境将成为运维的噩梦，它需要重新构建所有的客户端以便使用微服务的新URL。这不利于及时地交付业务价值。这么做甚至没有考虑到需要多个微服务实例来处理请求以便更好地扩展应用的场景。

如果继续依赖硬编码的 URL，那么 Payment 微服务将会有一个日益增长的并且包括所有可能的 Stripe 实例的列表，以便分发请求。如图 7.2 所示。

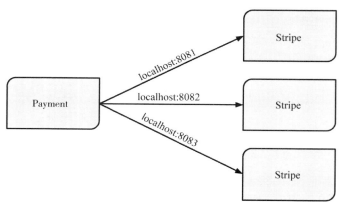

图 7.2   有多个实例的微服务直接查找

这种架构也要求客户端(即Payment)对代码进行设计，以便将负载分散到Stripe的多个实例上。当有客户端负责决定消费哪个实例时，这个过程被称为客户端负载均衡。客户端决定消费哪个实例。

你并不想使用宝贵的开发时间来开发消费微服务的负载均衡技术。理想情况下，你需要一个框架或库来处理这种复杂性，让代码去请求和操作一个实例。

可以做些什么来减轻这种情况下的痛苦呢？让我们来了解一下服务发现。

7.1.1   什么是服务发现

服务发现是微服务在运行时获取其他微服务(以便进行消费)的物理地址的方法。服务发现要求使用一个服务注册中心。否则，就没有让发现过程检索 URL 的地方。

服务发现会如何影响消费微服务的方式呢？可以参见图 7.3。

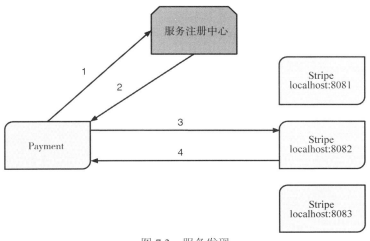

图 7.3　服务发现

下面是 Payment 微服务通过服务注册中心发现和调用 Stripe 微服务的过程：

(1) Payment 微服务从一个已知的服务注册中心请求 Stripe 微服务的地址。

(2) 服务注册中心返回所有可用的 Stripe 实例。

(3) Payment 微服务把请求发送给从注册服务中心获取的 Stripe 微服务实例。

(4) Payment 微服务从 Stripe 微服务接收响应。

这个过程似乎足够简单，但服务发现是如何工作的呢？首先，需要有一个地方来查找所需的微服务。这个角色就是服务注册中心。

如果用来查找微服务的地方是空的，那么它并无用处。任何时候，当微服务的实例启动时，它需要联系服务注册中心并提供名称和用于访问的 URL 位置。名称并不需要唯一，但是注册到同一个名称下的微服务实例需要暴露同样的 API。否则，这些微服务的客户端会看到非常不同的结果。

用数据填充服务注册中心后，客户端微服务可以询问服务注册中心，让其提供某个特定服务名称的所有实例的 URL 地址。此时，由客户端决定在消费微服务时使用哪个地址。

根据微服务是否使用具体的框架，可以使用多种算法选择特定地址。这些算法可以简单到按顺序循环遍历每个地址(即轮询)；也可以通过考虑一些因素(如当前的负载和响应次数)来增加复杂度。

就像前面讨论过的那样，微服务不应该开发自定义的负载均衡算法。如果微服务需要一个比简单的轮询或者从列表中随机选择更复杂的东西，那么应该考虑使用一个库来提供这些算法。

无论是在内部使用简单的负载均衡算法，还是使用外部的库来达到目的，都要面对一个问题——在获取实例 URL 后，应该保留多长时间？理想情况下，不应该保留实例 URL(无论多长时间)，这种做法可以让客户端在微服务的实例增加或减少时不会受到影响。如果可行，那么这就是个不错的方式。

如果一个环境不适合每次都使用实时的服务发现，那么微服务不应该持有任何物理 URL 超过 10~15 秒。这个时长似乎并不多，但在这个时间段内，微服务实例会很快地从正常运作变成失败。缓存 URL 的另一个负担是，代码需要更加注意捕捉网络故障和微服务错误，要么通过重试，要么通过使用服务发现获取一个全新实例。

7.1.2 服务发现和服务注册中心有什么好处

为什么要为微服务环境提供额外的基础设施并管理服务注册中心呢？不可以使用属性文件把微服务所消费的 URL 抽取到外部吗？

当然，在过去，这是大多数外部服务集成到应用的方式。当在测试和生产环境中切换时，这个技术提供一个简单的方式来修改外部服务的 URL。

但是这个方式并不允许对应用或微服务进行简单的扩展(无论是扩大和缩小规模)。在转移到云部署后，最大的挑战之一是这样的环境对企业的收费方式。

在过去，企业有内部的基础设施来托管所有的应用(无论是内部使用还是外部使用)。内部基础设施的主要成本是初始设置。初始设置完成后，尽管在管理内部基础设施后会导致更大的运维成本，但是硬件的成本是最小的。

大部分企业迁移到云上意味着不再使用自己的基础设施来托管应用，而是部署到外部的托管提供商，如 Red Hat OpenShift、Google Cloud 和 Amazon Web Services。这些提供商把成本从预先的大型硬件安装转移到定期的基础设施使用费(通常基于月份)上。这个在成本机制上的转移打开了降低成本的一扇门：当应用的使用率降低时，可以通过缩小应用的规模来降低成本。

可伸缩环境的另一个好处是，当负载增加时，不需要通常情况下冗长的硬件开通过程，就可以进行扩展。对于那些在假期经历高负载的企业而言，这尤其有用。十一月和十二月是很多零售商店的旺季，一个可伸缩的环境让企业有能力扩展它们可用的服务器，同时不会让这些服务器在剩余的时间里处于闲置状态。

在云环境中运维时，对特定的微服务或一组微服务快速而简单地进行伸缩的能力对企业开发者而言有极大的好处。它让开发者从过去的方式中走出来，在过去他们需要预测增加的需求以便能够有时间来开通新硬件(通常需要数个月)。部署到云中的企业开发者可以转变到的未来是，在几分钟内运行一个或一系列的新实例来处理用户负载。

是否能够扩展应用与应用耦合的松散程度紧密相关。前面提到过，与通过属性文件耦合的方式相比，把应用必须使用的 URL 分离到外部的注册中心中会极大地减少组件之间的耦合。

外部服务的故障转移是所有分布式体系结构的关注点。如果把微服务扩展到多个实例，那么通过服务注册中心维护松耦合，可使微服务在发生故障转移时不会导致整个应用的关闭。

结合使用服务注册中心和服务发现可以优雅地处理故障转移，但就其本身而言，它们并不是完美的解决方案。另外还需要一些框架和库来协助提供容错的能力，因为你并不想自己去编写代码。第 8 章将展示如何在微服务中包含容错的方法。

如图 7.3 所示，下面展示了 Payment 微服务通过服务注册中心发现 Stripe 微服务并发起调用的步骤。

(1) Payment 微服务从一个已知的服务注册中心请求 Stripe 微服务的地址。

(2) 服务注册中心返回所有可用的 Stripe 实例。

(3) Payment 微服务向 Stripe 微服务的某个实例发送请求。这个实例来自服务注册中心。

(4) Payment 微服务收到来自 Stripe 微服务的响应。

在图 7.3 中，Payment 服务消费 8082 端口的 Stripe 实例。但在图 7.4 中可看到，在处理一个请求时，8082 端口的 Stripe 实例并没有正常工作。这个实例是如何出故障的？我们无从得知，但它在服务注册中心中不再可用。没问题，Payment 服务会联系服务注册中心来查询 Stripe 实例，并且从两个可用的实例中选择在 8083 端口运行的那个。

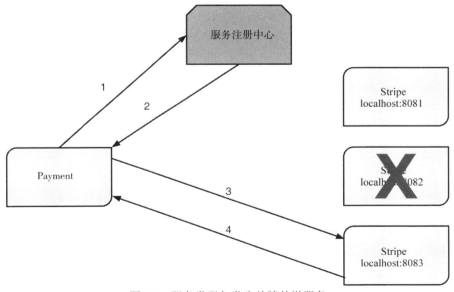

图 7.4　服务发现与发生故障的微服务

这听起来很不错。你可以在环境平台的扩展限制之内随意地伸缩微服务的规模，并且不用担心客户端如何找到它们。

如果没有服务注册中心给 Payment 服务提供 Stripe 相关的元数据，这个微服务就无法把自己与故障转移或者迁移工作进行隔离，也没有办法从中恢复。服务注册中心不仅可以用来在实例发生故障时获取一个新的在线实例，它还能处理微服务从一个环境迁移到另一个环境的情况，方法是对 Payment 服务隐藏 Stripe 的真正运行地址，直到 Payment 服务需要这些信息。

从现有的环境中创建位于一个完全不同的环境中的 Stripe 实例是非常容易的，并且还能让它们在同一个服务注册中心中可用。

新实例被激活后，如果正在进行迁移，那么可以通过减少旧实例来逐步关闭它们——这对于 Payment 服务消费 Stripe 的过程没有任何影响。

7.1.3　无状态与有状态的微服务

能够随意扩展微服务无疑是非常棒的，但这里有一个问题。到目前为止，我们一直在隐式地处理无状态的微服务，这种微服务不会在请求之间保留任何数据。

那么状态呢？微服务开发主要关注无状态性。这是微服务的一个重要能力，保证它在进行伸缩的时候，不考虑前面请求中的用户状态。

为支持微服务的扩展，就不能让它们有状态——至少不能像 Java Ee 中的有状态会话 bean 那样。就像经常提到的，我们希望微服务更像公牛，而不是宠物。更好的方式是有很多来来去去但不会产生影响的服务(即公牛式)，而不是消失后就导致巨大问题的服务(即宠物式)。你仍然可以在微服务中使用前一个请求的用户数据，但它们应该被存储在某个可以获取的地方。

在过去的五年中，企业级 Java 已经开始转向更多的无状态服务，但微服务的推动使其比以前更加突出。对于开发者和架构师而言，从有状态的思维转换到无状态的思维并非易事。这种变化需要预先进行额外的思考，并且在开发过程中防止状态悄悄进入微服务。

如果有一个有状态的服务并且没有简单的方法将其拆分成无状态的微服务，或者这么做会导致更大风险的挑战，那么微服务可能不是最好的方法。可以坚持使用更传统的 Java EE 应用服务器处理有状态的服务，并且在小的集群中扩展这个服务。

7.1.4　什么是 Netflix Ribbon

先前讨论过单一服务在多个实例之间的负载均衡，并且指出自行编写复杂的负载均衡器并不是一个好主意。如果想在客户端使用除随机和轮询外的负载均衡算法，该怎么办呢？

Thorntail 出于这个目的提供了与 Netflix Ribbon 的集成，正好让你免于自行开发算法。Ribbon 是 Netflix 为其内部服务开发的一个客户端的负载均衡框架。它于 2013 年 1 月开源，作为 Netflix 在服务的进程间通信方面严重依赖的一套项目的一部分。Ribbon 主要用来调用 RESTful 端点，这是它非常适合消费企业级 Java 微服务的原因。

本章后面会展示 Ribbon 使用服务注册中心来获取实例的方法。现在，关注一下它提供的负载均衡选项：

- Round Robin(轮询)——从所有可用的服务器中顺序地进行选取，不会考虑每个服务器可能正在经受的负载。
- Availability Filtering(可用性过滤)——跳过任何被认为是"链路跳闸"(即最后三次连接失败)的服务器或者有很高的并发连接的服务器。
- Weighted Response Time (加权响应时间)——每个服务器都有一个基于平均响应时间的权重，它被用来生成代表服务器的随机数值区间。例如，如果服务器 A 和 B 分别有权重 5 和 25，那么这个区间就是 1~5(A)和 6~30(B)。在根据区间决定使用哪个服务器时，会生成一个 1 到所有服务器权重总和之间的随机数。拥有高权重或低响应时间的服务器有更高的机会被选中。
- Zone Aware Round Robin(区域感知的轮询)——在部署到 AWS 时特别有用，因为 AWS 中的服务器会跨可用区分布。此规则在选择服务器时会考虑服务器是否位于客户端所在的区域以及是否可用。
- Random (随机)——跨可用服务器的纯随机分布。

默认的选择是轮询。如果性能对微服务至关重要，那么加权响应时间将是最好的负载均衡选择。它与轮询的行为很相似，但也偏向于选择性能更好的那些服务器。

如果服务器实例的性能很差，以至于微服务环境认为需要重启它，那么这个选项特别有用。你不会想向那些随时可能重启的微服务实例继续发送大量的流量。

从截至目前的讨论来看，Ribbon 与图 7.3 的关系可能还不够清晰。在图 7.5 中可看到，Ribbon 是微服务(这个例子中是 Payment 服务)的一部分，它消费另一个微服务(即 Stripe)。Ribbon 负责与服务注册中心交互，从可用的服务器中选择一个，最终向这个服务器执行请求。

为让 Ribbon 知道服务注册中心的位置，需要指定一个负责获取特定服务的可用实例的列表。具体需要哪个类取决于使用的服务注册中心。例如，当从自定义的代码中访问 Eureka 提供的服务注册中心时，需要使用 com.netflix.niws. loadbalancer.DiscoveryEnabledNIWSServerList。Eureka 是 Netflix 开发的一个服务注册中心，但它无法与 Thorntail 集成。

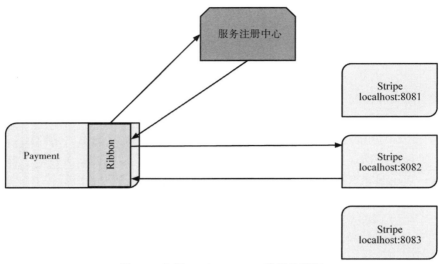

图 7.5   使用 Netflix Ribbon 的服务发现

警告   2018 年，Netflix 宣布不再积极维护 Ribbon。它的 GitHub 站点(https://github.com/Netflix/ribbon)中详细说明了 Netflix 仍在使用和不再使用的部分。尽管 Ribbon 不再被积极维护，但是在大多数情况下它很稳定并且可用于生产环境。由于 Thorntail 使 Ribbon 可用于消费微服务，因此 Thorntail 团队正在积极研究 Ribbon 的长期替代品。

7.2   使用 Thorntail 注册微服务

前面已经看到服务注册中心可让微服务获益，方法是把它与需要使用的任何内容的 URL 位置解耦。这是理论知识。现在，介绍实践中的服务注册和服务发现。我们将在了解如何注册微服务以被他人发现之前，看一下在 Thorntail 中使用服务注册中心的选项(现在被称为拓扑)。

7.2.1   Thorntail 的拓扑

Thorntail 提供了服务注册中心之上的抽象，就是所谓的拓扑。这个抽象提供什么好处？它意味着当微服务转移到使用另一个服务注册中心的环境时，不需要改变客户端代码。最有可能的用例是在本地开发和测试时使用一个类型的服务注册中心，然后在测试和生产环境下使用另一个服务注册中心。

理想情况下，你可以在本地机器上运行类似的生产环境并进行测试，但这在当今的企业中并不总是可行。转向更加基于云的基础设施(如 Kubernetes 和 OpenShift)并且与 Linux 容器结合使用确实可以更容易地使用更少的资源复制这些环境，但并不是所有的企业都能达到这一点。

Thorntail 提供了哪些服务注册中心实现或拓扑类型呢？主要有以下这些：

- JGroups——JGroups 是一个用于传输可靠消息的工具箱，可以在其中创建节点集群，以便相互发送消息。Thorntail 能够创建伪服务注册中心，它从每个微服务创建一个集群并在每个微服务注册自己的时候通知它们有可用的新服务。
- OpenShift——Red Hat OpenShift 是一个使用 Kubernetes 管理容器的容器平台。前面已经看到过，可以使用一个在线的版本，把它安装到本地环境中，或者在 Minishift 中使用它。
- Consul——Consul 是 HashiCorp 开发的一个流行的服务发现框架。

如何进行选择呢？在一些情况下，这取决于微服务的部署位置。如果它被部署到 Red Hat OpenShift，那么使用 OpenShift 拓扑是合乎逻辑的。

JGroups 拓扑最适合用于笔记本电脑上的本地开发或者用在可能没有安装完整的服务发现实现的 CI 环境中。如第 5 章所见，当部署环境是 Red Hat OpenShift 时，也可以使用 Minishift 来确保本地的部署环境与生产环境尽可能接近。

除了这些自然的组合，最终的选择还取决于与服务发现相关的需求，以及哪种特定实现最适合环境的需求。通常这些决定权不在开发者手中，除非他们是 DevOps 文化的一部分。DevOps 允许每个团队构建自己喜欢的技术栈。

拓扑的实现(以 Consul 为例)与图 7.3 的关系如何？请参见图 7.6。

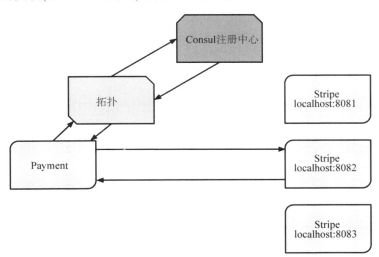

图 7.6　Thorntail 拓扑的集成

拓扑处于微服务和服务注册中心实现之间。无论部署环境是使用 Groups、OpenShift 还是 Consul，微服务的代码都没有变化。

为选择一个在微服务中使用的拓扑实现，需要添加下列列表中的一个依赖项：

- topology-jgroups
- topology-openshift
- topology-consul

Thorntail 还通过 topology-webapp 依赖提供一个拓扑 servlet，在服务被注册到拓扑或从拓扑中移除时，会发送 SSE (即服务器发送事件)。这个拓扑 servlet 与前面列表中的任何拓扑实现都能一起工作。为查看这些事件，需要在 pom.xml 中添加下面的依赖项：

```
<dependency>
    <groupId>io.thorntail</groupId>
    <artifactId>topology-webapp</artifactId>
</dependency>
```

无论在本地还是云上，当微服务运行后，在浏览器中访问 http://host:port/topology/system/stream 会看到展示可用实例的事件。这允许 UI 可视化地展现拓扑中出现的每个服务的实例，并且维护当前可用服务实例的一个列表。

7.2.2　使用拓扑注册微服务

我们的示例已经有了 Payment 服务和 Stripe 微服务。因为 Payment 服务需要"发现" Stripe，所以它必须被注册。

使用 Thorntail 时，有多种选择来注册微服务。其中的每个方法都只需要在 pom.xml 中添加前一小节选择的拓扑依赖即可。

在深入研究注册微服务的选项之前，我们看一下 Stripe 微服务的代码。这将有助于理解本章后面的内容。对于 pom.xml，将关注所需的依赖项。还有很多其他的依赖项，但是没有必要去理解发生了什么。

```
<dependency>
    <groupId>io.thorntail</groupId>
    <artifactId>jaxrs</artifactId>
</dependency>
<dependency>
    <groupId>io.thorntail</groupId>
    <artifactId>cdi</artifactId>
</dependency>
<dependency>
    <groupId>com.stripe</groupId>
    <artifactId>stripe-java</artifactId>
    <version>5.27.0</version>
</dependency>
```

前两个依赖项添加 jaxrs 和 cdi 能力，与前面的示例很相似。最后的依赖项提供从 Stripe 中访问支付 API 的能力。

注意　Stripe(https://stripe.com)是一个为商户和网站提供信用卡交易处理的服务。
　　　　它的一个优点是能够使用测试用的 API 密钥(你将在示例中用到)并且通过
　　　　API 测试信用卡的令牌，以便生成特定的响应。如果你想创建自己的 Stripe
　　　　账户，以便看到数据出现在它的测试仪表盘中，那么可替换
　　　　project-defaults.yml 中的 stripe.key 值,然后交易数据就会到达你的测试账户。

为定义 Stripe 微服务，首先创建 Application 类，提供 JAX-RS 根端点(如代码
清单 7.1 所示)。

代码清单 7.1　StripeApplication

```
@ApplicationPath("/stripe")
public class StripeApplication extends Application {
}
```

StripeApplication 与前面的示例很类似。唯一需要注意的是，这里把 JAX-RS
根路径设置成/stripe。

为部署到 OpenShift 并使用 Thorntail 拓扑进行服务发现，需要创建一个服务
账户，它提供 OpenShift 服务的拓扑访问(如代码清单 7.2 所示)。服务账户就像一
个用于服务的用户账户：服务可以被授予或拒绝执行某些操作的权限。使用 fabric8
Maven 插件后，处理 YAML 文件变得非常简单。

代码清单 7.2　service-sa.yml

```
metadata:
  name: service    ◀——— 服务账户的名称
```

要让拓扑查看 OpenShift 中的服务，需要微服务的 view 角色。现在需要定义
一个角色绑定，以便让服务账户与这个角色匹配，如代码清单 7.3 所示。

代码清单 7.3　service-rb.yml

```
metadata:
  name: view-service    ◀——— 角色绑定的名称
subjects:
- kind: ServiceAccount
  name: service    ◀——— 角色绑定所需的服务账户
roleRef:
  name: view    ◀——— 来自 OpenShift 的角色名称，用来给服务名称添加访问权限
```

现在需要关联服务账户和微服务，如代码清单 7.4 所示。

代码清单 7.4 deployment.yml

```
apiVersion: v1
kind: Deployment
metadata:
  name: ${project.artifactId}      ◄────── OpenShift 部署的名称
spec:
  template:
    spec:
      serviceAccountName: service  ◄────── 用来与部署关联的服务账户
```

如果没有反向设置，部署名称通常会被设置为${project.artifactId}。自定义的
deployment.yml 只需要将服务账户与其关联。

1. @Advertise

代码清单 7.5 所示是与 Stripe API 进行交互的 JAX-RS 资源。

代码清单 7.5 StripeResource

```
@Path("/")
@ApplicationScoped
@Advertise("chapter7-stripe")    ◄──── 定义通过拓扑来发布
public class StripeResource {          微服务所采用的名称

  @Inject
  @ConfigurationValue("stripe.key")    ◄──── 注入 project-defaults.yml
  private String stripeKey;                  中的 strip.key 定义的值

  @POST
  @Path("/charge")
  @Consumes(MediaType.APPLICATION_JSON)
  @Produces(MediaType.APPLICATION_JSON)
  public ChargeResponse submitCharge(ChargeRequest chargeRequest) {
    Stripe.apiKey = this.stripeKey;
                                            创建一个映射，
    Map<String, Object> chargeParams = new HashMap<>();   用来保存来自
    chargeParams.put("amount", chargeRequest.getAmount()); ◄── ChargeRequest
    chargeParams.put("currency", "usd");                       的所有参数
    chargeParams.put("description", chargeRequest.getDescription());
    chargeParams.put("source", chargeRequest.getCardToken());
将 Stripe API 密钥设置到 Stripe API 的主类上              调用 Stripe API 来启
    Charge charge = Charge.create(chargeParams);  ◄──── 动一次付款
    return new ChargeResponse()              ◄──── 返回一个 ChargeReponse，
            .chargeId(charge.getId())              它包含来自 Stripe 的付款
            .amount(charge.getAmount());           数额和付款 ID
  }
}
```

这里在 Stripe 微服务中添加@Advertise 注解，但是它与拓扑有什么关系呢？
Thorntail 拓扑会在微服务代码中查找添加到 RESTful 端点的所有@Advertise

注解，并将每个名称保存到运行时创建的一个部署文件中。该拓扑中有添加到微服务部署的运行时代码，它们将发布这些名称并提供适当的主机和端口信息，以便在部署启动时，向服务注册中心(Jgroups、OpenShift、Consul)指明微服务的位置。@Advertise 把注册微服务的代码细节进行了抽象，你只需要提供一个名称即可。

> **注意** 当使用 Topology 并部署到 OpenShift 时，发布的功能从本质上来说什么都没做(即 NoOp)，因为 OpenShift 把所有的微服务注册到内部的 DNS。在发布微服务时使用@Advertise 的主要优势在于，可以在不改变现有代码的前提下，很容易地切换拓扑环境。

2. Topology.lookup()

还有一种注册服务的方式，它能够更好地控制微服务是否可用的时机，即使用 Topology.lookup()。Topology 为每个服务注册中心的实现提供主要的抽象，包括使用静态的 lookup()查找拓扑；添加或移除监听器以便在添加或删除微服务时接收到通知；通过 advertise()方法注册微服务；使用 asMap()方法获取所有的注册条目。

无论为微服务选择哪种拓扑实现(Jgroups、OpenShift 或 Consul)，Topology 都可以让微服务直接使用。

现在假设你想使用 Topology 来手动地发布和取消发布一个微服务(如代码清单 7.6 所示)。这种方法的一个好处是，在 RESTful 端点激活并能处理请求之前，可以限制微服务被添加到服务注册中心中。

代码清单 7.6 Topology

```
AdvertisementHandle handle = Topology.lookup().advertise("allevents");
...
handle.unadvertise();
```

查找 Topology 实例并发布服务，保留一个句柄

在服务完成时，使用这个句柄来取消发布自己

7.3 使用 Thorntail 消费已注册的微服务

现在已经注册了 Stripe 微服务，可以开发 Payment 服务来发现并消费它。本节将涵盖服务发现的两个方法。每一种方法都使用不同的客户端库(Netflix Ribbon 和 RESTEasy)，以实现不同的 Payment 服务。

7.3.1 使用 Netflix Ribbon 进行服务查找

为将 Netflix Ribbon 用作客户端框架，首先需要将其作为依赖项添加到 Maven

模块中。

```
<dependency>
  <groupId>io.thorntail</groupId>
  <artifactId>ribbon</artifactId>
</dependency>
```

这个依赖项让微服务能够访问 Netflix Ribbon 库。除此之外，它还集成了服务注册中心的拓扑实现。这让 Netflix Ribbon 可使用拓扑实现来获取服务实例，以便进行负载均衡。接下来需要创建一个代表要调用的外部微服务(即 Stripe)的接口，如代码清单 7.7 所示。

代码清单 7.7　StripeService

```
@ResourceGroup(name = "chapter7-stripe")          期望调用的服务在服务注册中心中的名称
public interface StripeService {                  创建可使用的接口的一个代理
  StripeService INSTANCE = Ribbon.from(StripeService.class);

  @TemplateName("charge")                         为 charge()定义执行外部请求的 HTTP 参数，
  @Http(                                          包括 HTTP 方法、URI 路径，以及 HTTP 头
      method = Http.HttpMethod.POST,              中的内容类型
      uri = "/stripe/charge",
      headers = {
              @Http.Header(
标识 Ribbon 用来创            name = "Content-Type",
建模板的方法名               value = "application/json"      定义一个转换器，
              )                                   把 ChargeRequest
      }                                           转换成 ByteBuf
  )
  @ContentTransformerClass(ChargeTransformer.class)
  RibbonRequest<ByteBuf> charge(@Content ChargeRequest chargeRequest);
}
                                                  方法必须返回 RibbonRequest
```

如果 Stripe 有不止一个用于请求的 RESTful 端点，那么必须给接口中的每一个方法定义设置@TemplateName 和@Http 注解。

代码清单 7.7 使用基于注解的 Netflix Ribbon，但如果想使用流畅的 API，那么可以使用 HttpResourceGroup 和 HttpRequestTemplate 来构建等价的 HTTP 请求。

现在看一下 ChargeTransformer，它负责把 ChargeRequest 转换成 ByteBuf(如代码清单 7.8 所示)。

代码清单 7.8　ChargeTransformer

```
public class ChargeTransformer implements ContentTransformer<ChargeRequest> {
  @Override
  public ByteBuf call(ChargeRequest chargeRequest, ByteBufAllocator
```

```
      byteBufAllocator) {
        try {                            使用 ObjectMapper 将 ChargeRequest 转换成 JSON 格式
          byte[] bytes = new ObjectMapper().writeValueAsBytes(chargeRequest);
          ByteBuf byteBuf = byteBufAllocator.buffer(bytes.length);
          byteBuf.writeBytes(bytes);
          return byteBuf;                              分配一个新的有合适
        } catch (JsonProcessingException e) {           长度的 ByteBuf 实例
          e.printStackTrace();
        }
        return null;
      }
    }
把 JSON 作为字节写入 ByteBuf
```

ChargeTransformer 只会在发起请求时处理转换。你需要在代码调用中把
ByteBuf 转换成有意义的响应。

接下来看一下在使用 Netflix Ribbon 时 Payment 资源是什么样子(如代码清
单 7.9 所示)。

代码清单 7.9　PaymentResource

```
@Path("/")
public class PaymentServiceResource {
                                                      同步地调用 Stripe
  @POST
  @Path("/sync")
  @Consumes(MediaType.APPLICATION_JSON)
  @Produces(MediaType.APPLICATION_JSON)
  public ChargeResponse chargeSync(ChargeRequest chargeRequest) {
    ByteBuf buf = StripeService.INSTANCE.charge(chargeRequest).execute();
    return extractResult(buf);
  }                                    提取结果并返回

  @POST
  @Path("/async")
  @Consumes(MediaType.APPLICATION_JSON)
  @Produces(MediaType.APPLICATION_JSON)
  public void chargeAsync(@Suspended final AsyncResponse asyncResponse,
    ChargeRequest chargeRequest)
      throws Exception {
  executorService().submit(() -> {        创建一个 Observable，异步地调用 Stripe
    Observable<ByteBuf> obs =
      StripeService.INSTANCE.charge(chargeRequest).toObservable();
    obs.subscribe(
订阅      (result) -> {
Observable，      asyncResponse.resume(extractResult(result));
传入成功和      },                       从结果中提取 ChargeResponse，
失败方法      asyncResponse::resume       将其设置到 AsyncResponse 上
      );
    });
  }
                                                      把一个 ByteBuf 转换成
                                                      一个 ChargeResponse
  private ChargeResponse extractResult(ByteBuf result) {
```

```
    byte[] bytes = new byte[result.readableBytes()];
    result.readBytes(bytes);              使用一个 ObjectMapper 把 JSON
    try {                                 字节转换成 ChargeRequest 实例
        return new ObjectMapper()
                .readValue(bytes, ChargeResponse.class);
    } catch (IOException e) {
        e.printStackTrace();
    }

    return null;
    }
}
```

看一下这些代码是如何工作的。

首先，运行 Minishift(详见第 5 章)并登录 OpenShift 客户端。接下来需要运行
Stripe 微服务：切换到/chapter7/stripe 目录并执行下列命令：

```
mvn clean fabric8:deploy -Popenshift -DskipTests
```

Stripe 微服务运行后，切换到/chapter7/ribbon-client 目录并执行下列命令：

```
mvn clean fabric8:deploy -Popenshift -DskipTests
```

服务的 URL 是 OpenShift 控制台中的 chapter7-ribbon-client 服务的 URL，并
且追加/sync 或/async 后缀。

因为需要在每个 URL 上发起一个 HTTP POST 请求，所以相比于在浏览器中
输入 URL，这里有一些复杂。有许多用来发送请求的工具，包括命令行中的 curl，
但这里将使用 Postman，如图 7.7 所示。

注意 Postman 有很多功能。它经历了好几个版本，但其核心功能是提供测试 API
      端点的能力。更重要的是，对于我来说，它提供了保存请求的功能，包括
      消息头和消息体的内容。这样可以在需要的时候重复同样的请求。更多的
      细节请参见 www.getpostman.com。

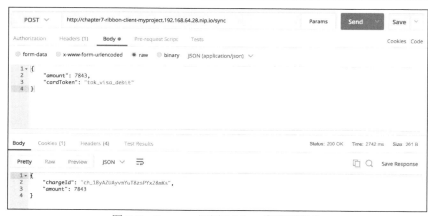

图 7.7   Postman 调用 Ribbon 客户端服务

在这里可以看到请求的细节，包括 HTTP POST 请求的消息体(上半部分)，以及从服务接收到的响应(下半部分)。

最重要的消息头是 Content-Type，且将其设置为 application/json。否则，JAX-RS 就不认为接收的数据是 JSON 格式并会拒绝请求，返回状态码为 415 的 HTTP 响应，表明这是不被支持的媒体类型。

为查看拓扑，可以给 ribbon-client 安装 topology-webapp 依赖项来查看所有的注册事件。修改 pom.xml 以添加下面的内容：

```
<dependency>
  <groupId>io.thorntail</groupId>
  <artifactId>topology-webapp</artifactId>
</dependency>
```

然后在/chapter7/ribbon-client 目录中执行下列命令：

```
mvn clean fabric8:deploy -Popenshift -DskipTests
```

在 OpenShift 控制台中单击 ribbon-client 微服务的 URL。然后在这个 URL 的末尾添加/topology/system/stream 并在浏览器打开。浏览器会立即展示用拓扑注册两个微服务(即 chapter7-stripe 和 chapter7-ribbon-client)的事件。

```
event: topologyChange
data: {
  "chapter7-stripe": [
    {
      "endpoint": "http://chapter7-stripe:8080",
      "tags":["http"]
    }
  ],
  "chapter7-ribbon-client": [
    {
      "endpoint": "http://chapter7-ribbon-client:8080",
      "tags":["http"]
    }
  ]
}
```

关于每个微服务的 URL 需要注意的一点是，它们并不包含普通的 IP 地址和 OpenShift URL 的 nip.io 后缀。它们是 OpenShift 的内部 URL，在 OpenShift 环境之外无法使用。

7.3.2 使用 RESTEasy 客户端进行服务查找

除使用不同的客户端框架来调用 Stripe 微服务之外，还可使用 RESTEasy 和 Topology.lookup 方法从 Topology 中检索信息。这么做的原因是 RESTEasy 并不像 Ribbon 那样提供进行查找的方式。

为把 RESTEasy 作为客户端框架，首先需要将其作为依赖项加入 Maven 模块中。

```
<dependency>
  <groupId>org.jboss.resteasy</groupId>
  <artifactId>resteasy-client</artifactId>
  <version>3.0.24.Final</version>
  <scope>provided</scope>
</dependency>
```

由于 Thorntail 的 classpath 中已经有这个依赖项，而本地依然需要用它进行编译，因此此处将其标记为 provided。接下来需要创建一个接口来代表将要调用的外部微服务(即 Stripe)，如代码清单 7.10 所示。

代码清单 7.10   StripeService

```
@Path("/stripe")
public interface StripeService {

    @POST
    @Path("/charge")
    @Consumes(MediaType.APPLICATION_JSON)
    @Produces(MediaType.APPLICATION_JSON)
    ChargeResponse charge(ChargeRequest chargeRequest);
}
```

如你所见，相比于 Ribbon 的等价代码，这段代码更加简单，也更容易理解。接下来看一下在使用 RESTEasy 时 Payment 资源是什么样子，如代码清单 7.11 所示。

代码清单 7.11   MessageResource

```
@Path("/")
public class PaymentServiceResource {
  private Topology topology;

  public PaymentServiceResource() {            在创建 PaymentServiceResource
    try {                                       时，获取 Topology 实例
      topology = Topology.lookup();  ◄──┘
    } catch (NamingException e) {
      e.printStackTrace();
    }
  }

  @POST                                         获取 chapter7-stripe 服务的 URI
  @Path("/sync")
  @Consumes(MediaType.APPLICATION_JSON)
  @Produces(MediaType.APPLICATION_JSON)
  public ChargeResponse chargeSync(ChargeRequest chargeRequest) throws
  Exception {
    ResteasyClient client = new ResteasyClientBuilder().build();
    URI url = getService("chapter7-stripe");  ◄──────────
```

```
        ResteasyWebTarget target = client.target(url);
        StripeService stripe = target.proxy(StripeService.class);
        return stripe.charge(chargeRequest);
    }

    ...                                获取服务注册中心，以便找到所需的服务
    private URI getService(String name) throws Exception {
        Map<String, List<Topology.Entry>> map = this.topology.asMap();

        if (map.isEmpty()) {
            throw new Exception("Service not found for '" + name + "'");
        }

        Optional<Topology.Entry> seOptional = map
                .get(name)
                .stream()              找到 chapter7-stripe 服务
                .findFirst();          注册列表中的第一个

        Topology.Entry serviceEntry =
            seOptional.orElseThrow(
                () -> new Exception("Service not found for '" + name + "'")
            );

        return new URI("http", null, serviceEntry.getAddress(),
    serviceEntry.getPort(), null, null, null);
    }
}                                      如果 Optional 是空的，则抛
                                       出异常，表明未找到服务
```

你可能已经注意到这里的额外代码，必须通过调用 Topology.lookup()来查找 Topology(这在使用 Netflix Ribbon 作为客户端时并不是必要的)。Netflix Ribbon 在执行服务查找时，会基于@ResourceGroup 名称直接与 Topology 进行交互来获取所需的信息。

可以看到，在从映射中检索拓扑条目时，只查找给定服务的第一个 URL，这是因为此处并没有在可能的多个实例之间进行负载均衡。在 OpenShift 中，没有必要在客户端一方进行负载均衡，因为 OpenShift 中的 DNS 会在服务器端完成这个任务。

如果要部署到不同的环境，那么对于生产环境而言，在选择用于消费的实例时，可能需要使用一种算法或多种算法选项。使用早先运行的 Stripe 微服务，切换到/chapter7/resteasy-client 目录并执行下列命令：

```
mvn clean fabric8:deploy -Popenshift -DskipTests
```

与 Ribbon 示例一样，服务的 URL 是 OpenShift 控制台中的 chapter7-resteasy-clientservice 的 URL，并且在末尾添加/sync 或/async。同样，为测试这些端点，需要使用某个工具(Postman 或者你偏爱的其他工具)来执行 POST 请求。如果一切顺利，那么在执行这些请求时，应该会收到与 Ribbon 示例相似的响应。

7.4　本章小结

- 如果代码中包含要消费的微服务的位置，那么当实例在上线和下线之间进行切换时很容易出现故障。当微服务的位置发生移动而需要更新代码或配置并且跨越任何受影响的环境重新部署这些更改时，也可能发生故障。服务发现提供了在不直接依赖 IP 地址的情况下扩展微服务所需的分离。
- 为发现用于消费的微服务，需要将其注册到一个中心的地方，以便微服务可以检索它们。在微服务的环境中，服务注册中心履行这个角色。
- Thorntail 允许在微服务环境中使用 JGroups、OpenShift 或 Consul 作为服务注册中心的实现。
- 在微服务中使用 Netflix Ribbon 客户端时，并不需要在客户端编写代码来查找服务，而是利用 Thorntail 拓扑的实现来进行服务发现。

第 **8** 章

容错和监控的策略

本章涵盖：

- 什么是延迟
- 为什么微服务需要容错
- 断路器如何工作
- 哪些工具可以减少分布式故障

本节将使用前面章节的示例，在探索容错和监控的概念时让 Stripe 和 Payment 拥有缓解故障的能力。当 Payment 微服务通过网络与外部系统通信时，容错尤其重要。当跨网络通信时，需要预期到错误和超时的发生。

8.1 分布式架构中的微服务故障

图 8.1 再次描述用于微服务的分布式架构。这样的分布式架构与故障有什么联系？与单体应用包含所有东西的做法相反，由于微服务包含更小的业务逻辑块，因此最终需要维护数目可观的服务。不再会出现这样的 UI——它只与单一的后端服务进行通信，并且这个后端服务处理所有需求。更可能的情况是，同样的 UI 与数十个以上的微服务进行集成，它们刚好与前面的单体应用一样可靠。

但是微服务不会在生产环境下出故障吗？是的，生产环境中不会有任何故障。我们都可能在某个时候做出类似的声明，而且通常是遭遇生产环境上的重大故障之前。一朝被蛇咬，十年怕井绳！

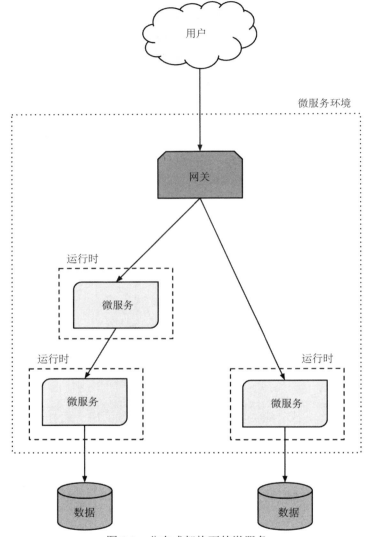

图 8.1   分布式架构下的微服务

　　既然没有生产故障方面的经验,为什么我们倾向于夸大生产系统的可靠性?部分原因是我们天生乐观,但多数情况下是因为缺乏经验。如果你从未修复过应用程序的生产环境问题——尤其是在午夜——那么很难领会到对系统可靠性的有效关注点。

寻呼机噩梦

我记得在 20 世纪 90 年代晚期——那时我从事 IT 支持工作——新手最可怕的经历就是处理随叫随到的呼叫。最糟糕的事情是凌晨两点接到寻呼，并且需要在早上 8 点(即员工来办公室上班)之前修复失败任务。这些只是夜间的批处理任务，但是被寻呼机叫醒的焦虑非常可怕。

我都不敢想象，对于一个在线应用，当收到一个会影响业务 7×24 小时运转并需要立即处理的生产环境故障的呼叫时是什么样子。

下面是一些有关生产系统(特别是分布式架构)的错误观点：

- 计算设备的网络是可靠的。如果不考虑可能的网络故障，那么应用在等待无法到达的响应时可能会停止运行。更糟糕的是，当网络再次可用时，应用却无法重试任何的失败操作。
- 在发起请求和真正的操作发生之间没有延迟(即零延迟)。忽略掉网络延迟和相关的网络丢包会导致带宽浪费，并且随着网络流量无限制地增长，丢包的数量也会增加。
- 网络上的可用带宽是无限制的。如果客户端发送太多的数据或请求，那么可用的网络带宽将缩小并且出现瓶颈，应用的吞吐量也会减少。延迟对网络吞吐量的影响可以持续几秒或持续存在。
- 整个网络是安全的，不受外部或内部可能的攻击。忽略恶意用户(例如一个不满的员工)尝试危害应用的可能性是天真的。同样，在没有合适的安全审查的情况下，将内部应用变成公开访问的应用会很容易将其暴露给外部的威胁。其至防火墙规则中的一个无害的端口变更也可能让它在无意中被外部访问。
- 网络上的计算设备的位置和布置永远不会改变。当网络发生变化，设备移动到不同的位置时，可用的带宽和延迟都会减少。
- 有单个管理员管理一切。在企业中，当多个管理员管理多个网络时，就会实现冲突的安全策略。在这种情况下，跨不同的安全网络进行通信的客户端需要同时意识到两个网络的需求，才能成功通信。
- 零传输成本。尽管网络上的物理数据的传输成本可能为零，但在网络构建好之后，维护的成本并不是零。
- 网络是同构的。在同构的网络中，网络上的所有设备使用类似的配置和协议。异构的网络会导致这个列表的前三个点中描述的问题。

所有这些观点被称为"分布式计算的谬论"(Fallacies of Distributed Computing，参见 www.rgoarchitects.com/Files/fallacies.pdf)。

8.2   网络故障

尽管网络失败的方式多种多样，但本节关注网络延迟和超时。前面提到过，零延迟是"分布式计算的谬论"的一部分，它等价于在发起请求和真正的操作发生之间没有延迟时间。

为什么延迟对于微服务很重要？因为它几乎影响微服务的方方面面。

- 调用另一个微服务；
- 等待异步消息；
- 从数据库读取；
- 写入数据库。

如果不去注意网络中存在的延迟，那么你就会假定消息和数据的所有通信都是接近瞬时的，并且假设参与通信的网络设备足够近。

超时是网络故障的另一个重要源头，需要在开发微服务时引起注意。超时可能与高延迟有关；当请求无法及时响应时，不仅是因为网络时延，还因为消费的微服务出现问题。如果正在调用的微服务出现宕机(因为它正在经历高负载或因为其他原因而失败)，那么在消费它时会发现问题(通常以超时的形式出现)。没有什么办法来预测超时的发生，所以代码需要意识到超时的发生，以及在遇到超时的情况时知道如何进行处理。

立即重试还是在短暂等待之后重试？你会假定一个标准的响应，然后无论如何都进行处理吗？

这些正是你想缓解的网络故障。否则，就会让微服务和整个应用面临不可预期的网络错误，除重启服务外，没有其他恢复方法。因为你无法承担在每一次网络问题出现时都重启服务的代价，所以需要开发代码，以防止重启成为唯一选择。

8.3   缓解故障

在研究如何缓解故障时，当然可以实现自己需要的特性。但在实现特性时，你可能不是擅长所有方面的专家。就算你是专家，实现这些特性的工作也需要一个较长的开发周期。你最好开发更多的应用。尽管有可能使用不同的库，但是在本例中将使用来自 Netflix Open Source Software 的 Hystrix。

8.3.1   Hystrix 是什么

Hystrix 是一个延迟和容错库，用于隔离远程系统、服务和库的访问点，中断级联故障并且让分布式系统拥有韧性。在不可避免会出现故障的地方(如分布式系统)，Hystrix 库可改善微服务在这些环境中的韧性。

Hystrix 能做很多事情，那这个库如何做到这一点的？我们无法用一章的内容涵盖 Hystrix 的方方面面，因为介绍它本身就需要一整本书。不过本节提供了使用 Hystrix 进行隔离的一个高层视图。

图 8.2 展示了处理许多用户请求的负载的微服务的视图。这个微服务需要与一个外部服务进行通信。在这种情况下，当微服务在等待外部服务 2 的响应时，它很容易会变成阻塞状态。更糟糕的情况下，你可能会让外部服务过载，直到它完全停止工作。

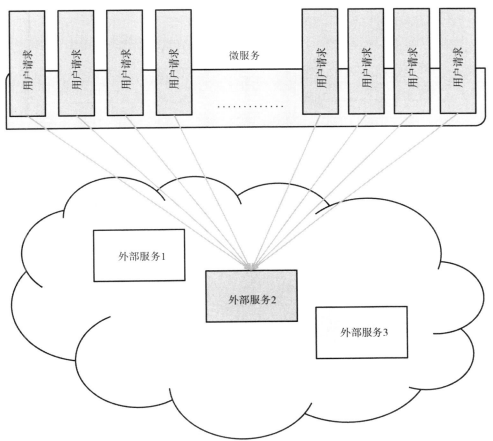

图 8.2　微服务在不使用 Hystrix 的情况下处理用户请求

这时 Hystrix 就能派上用场，它可以作为一个中间人，并且对外部通信进行调节，以便缓解不同的故障。图 8.3 添加了 Hystrix，将外部服务的调用包装在 HystrixCommand 示例中。HystrixCommand 使用配置来定义行为，例如可用的线程数量。

在图 8.3 中，每个外部服务都有不同数量的线程让各自的 HystrixCommand 使用。

这意味着某些服务可能更容易过载，所以需要限制发送的并发请求的数量。

把外部服务 2 包装进 HystrixCommand 可限制从微服务发出的并发请求的数量。尽管这个做法缓和了微服务与特定的外部服务的交互，但是也增加了请求在微服务中失败的可能性，因为这个做法拒绝指向这个外部服务的额外请求。这种情况可能没问题，也可能有问题，具体取决于外部服务处理请求的速度。

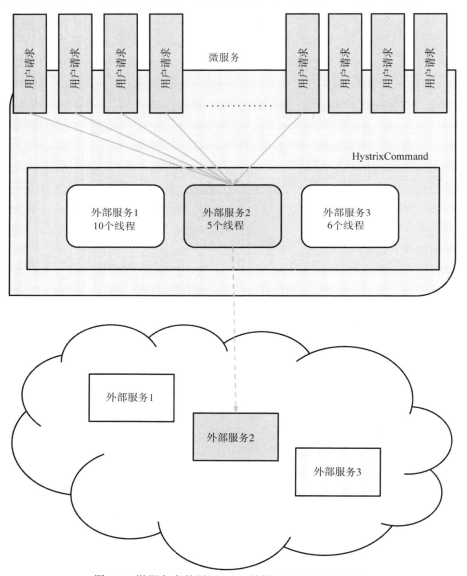

图 8.3 微服务在使用 Hystrix 的情况下处理用户请求

这确实提出了一个重要的观点。在整个生态系统中为单个微服务添加故障缓解并不是那么有益。让你的微服务在分布式网络中成为一个更好的"公民"是不错，但是如果网络中的其他人在与你的微服务交互时并没有同样的故障缓解，那么你只是转移了瓶颈和故障点。出于这个原因，我们要知道的关键点是，故障缓解是企业范围内的考量或者至少是在所有相互通信的一组微服务中的考量。

可以在图 8.3 中看到，Hystrix 的另一个好处是它提供与外部服务之间的隔离性。如果不限制对外部服务 2 的调用，那么它就有可能耗尽 JVM 中的所有可用线程，从而导致微服务无法处理那些不需要与外部服务 2 交互的请求。

本章剩余部分的讲解方法是先概述故障缓解策略背后的理论，然后展示如何在 Hystrix 中实现这些策略。既然要在代码中缓解网络故障，那么有什么策略可供使用？

8.3.2　断路器

如果你对家庭配电板上的保险丝的工作原理有所了解，那么就会知道断路器的原理。图 8.4 展示了电流通过保险丝时不受阻碍的情况，除非保险丝被打开，导致电流中断。

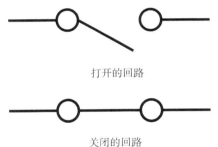

打开的回路

关闭的回路

图 8.4　电子断路器的状态

配电板和软件的一个区别是，软件断路器会在没有人工介入的情况下，基于已经定义的阈值来关闭自己。这个阈值表明软件变得不健康的程度。

图 8.5 展示了在调用外部服务时一个更大的缓解故障的流程的初始部分。随着本章内容的推进，我们会把更多的部分添加到这个流程中，它们提供更多协助缓解故障的功能。第一部分关注提供一个断路器。

当断路器处于关闭时，所有的请求会不断地经过这个流程。当断路器打开时，请求会早早地退出这个流程。可以在图 8.5 中看到，断路器需要回路健康数据，它被用来决定回路的开关状态。除图 8.5 中的状态，断路器还可以是半开状态 (如图 8.6 所示)。

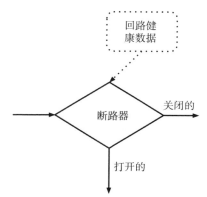

图 8.5   使用基本回路的故障缓解流程

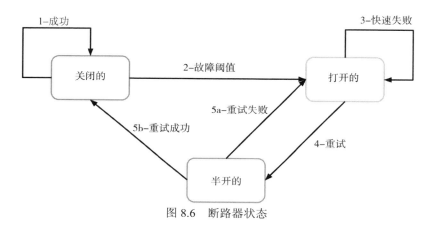

图 8.6   断路器状态

下面是断路器状态之间的转换过程:

(1) 当回路关闭时,所有的请求都能畅通无阻地通过。

(2) 达到故障阈值时,回路变成打开。

(3) 当回路打开时,所有的请求都被拒绝并且快速失败。

(4) 回路的打开超时时间过期。回路变成半开,以便允许单一的请求通过。

(5) 请求失败或者成功。

   (a) 单个请求失败,回路状态变成打开。

   (b) 单个请求成功,回路状态变成关闭。

在半开状态下,断路器仍处于关闭状态。但过了一次睡眠时间后,就会允许通过一个请求。这个单一请求的成功或失败决定是否把断路器的状态改回关闭状态(请求成功时),或者继续保持打开状态,直到在下一次超时间隔后再次进行尝试。

断路器只是一种允许或防止请求通过的方式,它能以这样的方式来运行的关键部分是回路健康数据。在没有捕获到任何回路健康数据时,断路器总是保持关闭状态，无论有多少失败的请求，也无论是什么原因。

　　Hystrix 为断路器处理超时、网络阻塞和延迟提供了合理的默认方式。代码清单 8.1 是一个简单的 Hystrix 断路器。

代码清单 8.1　StockCommand

```
public class StockCommand extends HystrixCommand<String> {
    private final String stockCode;
    public StockCommand(String stockCode) {
        super(HystrixCommandGroupKey.Factory.asKey("StockGroup"));
        this.stockCode = stockCode;
    }

    @Override
    protected String run() throws Exception {
        // Execute HTTP request to retrieve current stock price
    }
}
```

把 String 作为 HystrixCommand 类型

用来在 Hystrix 仪表盘中对数据进行分组的唯一键

返回一个调用外部服务的 Observable

可以使用同步方式，用下面的代码调用这一命令：

```
String result = new StockCommand("AAPL").execute();
```

如果想进行异步执行，可以使用下列代码：

```
Future<String> fr = new StockCommand("AAPL").queue();
String result = fr.get();
```

　　无论使用同步还是异步方式，上面的例子都期望在执行请求时只返回单个结果。出于这个目的，需要扩展 HystrixCommand，它满足执行单一响应的需求。

　　如果期望返回多个而不是一个响应，会发生什么呢？股票的价格变化非常频繁，所以在每次想要更新价格时，如果不持续地执行下一个调用，岂不是更好？

　　你需要修改断路器，以便支持返回 Observable 的命令，而 Observable 能够发出多个响应。你将订阅 Observable 来处理每一个接收到的响应。由于是在每个响应返回时对其进行处理，因此我们称这样的执行是反应式的。

> **定义**　反应式这个词的意思是对出现的情况做出反应而不是创造或控制它。当使用 Observable 并监听它发出的结果时，就是在对每一个发出的结果做出反应。这种方式的一个好处是在等待每个结果时不会阻塞。

　　下面修改命令，以便提供一个 Observable(如代码清单 8.2 所示)。

代码清单 8.2　StockObservableCommand

```
public class StockObservableCommand extends HystrixObservableCommand<String> {
    private final String stockCode;
```

把 String 作为 HystrixObservableCommand 类型

```
public StockObservableCommand(String stockCode) {
    super(HystrixCommandGroupKey.Factory.asKey("StockGroup"));   ◀────┐
    this.stockCode = stockCode;                          用来在 Hystrix 仪表盘中对
}                                                           数据进行分组的唯一键

@Override
protected Observable<String> construct() {               ◀────┐
    // Return an Observable that executes an HTTP Request   返回一个调用
}                                                           外部服务的
}                                                          Observable
```

如果想在创建 Observable 后立即执行命令，那么请求一个热的 Observable。

```
Observable<String> stockObservable =
➡ new StockObservableCommand(stockCode).observe();
```

通常情况下，无论是否有订阅者，热的 Observable 都会发出响应，这会导致在没有订阅者时，响应可能会完全丢失。不过 Hystrix 使用 ReplaySubject 捕获所有响应，允许在订阅 Observable 后为监听器重放这些响应。

你也可以替换成冷的 Observable。

```
Observable<String> stockObservable =
➡ new StockObservableCommand(stockCode).toObservable();
```

如果使用冷的 Observable，那么只有在监听器订阅它后，才会触发执行。这确保了任何订阅者都能收到已生成 Observable 的所有通知。

到底使用哪种 Observable 取决于具体情况。如果监听器可以忽略一些初始数据，尤其在它们不是 Observable 的第一个订阅者时，那么热的 Observable 更适合。然而，如果需要监听器接收所有数据，那么冷的 Observable 是更好的选择。

注意　尽管 HystrixCommand 支持从非反应式方法(即 execute()和 queue())中返回 Observable，但它们依然只发出一个值。

8.3.3　隔舱

软件中的隔舱提供与轮船中的隔舱类似的策略，将不同的部分进行隔离，以防止其中一个部分的故障影响其他部分。对于轮船而言，一个水密舱的故障不会扩散到其他舱，因为它们是用舱壁隔开的。

软件中的隔舱是如何达到同样效果的呢？答案是通过减少微服务正在或即将经受的负载。隔舱允许限制对组件或服务的并发调用数，从而防止网络因为过多的请求变得饱和，导致增加系统中的所有请求的延迟。图 8.7 增加了隔舱策略，作为流程中的下一步。

在每一个断路器后添加一个隔舱。当断路器是打开状态时，没有必要检查隔舱，因为此时处于错误状态。当处于关闭状态时，隔舱会防止执行过多的请求，以免造成网络瓶颈。

例如，我们需要调用一个数据库服务来完成一个极其密集和耗时的计算。如果已知外部服务要花费 10 秒才能响应，那么我们就不会在一分钟之内向服务发送 6 个以上的请求。如果超过 6 个请求，那么请求就会进入队列以便后续处理，这会导致微服务无法释放客户端请求。这是一个很难打破的恶性循环，会潜在地导致多个微服务中的级联故障。图 8.7 中的隔舱执行检查，并且表明是否可以继续处理请求或是否拒绝请求。

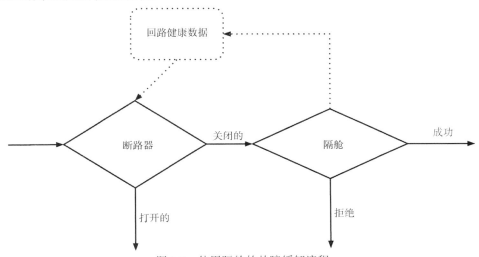

图 8.7　使用隔舱的故障缓解流程

如何实现软件中的隔舱呢？最常见的两个方式是使用计数器和线程池。计数器允许你设置在任何时刻活跃的并行请求的最大数量。线程池也会限制同时活跃的并行请求的数量，不过它是通过限制池中可用于执行请求的线程数量实现的。对于一个线程池隔舱，将创建特定的线程池来处理特定的外部服务的请求，这样允许不同的外部服务彼此隔离，同时将其与用来执行微服务的线程隔离。

被拒绝的请求的细节会被提供给回路健康数据，以便更新计数器，并且在下一次需要计算断路器状态时使用。

作为一个软件中的隔舱，Hystrix 为线程池(THREAD)和计数器(SEMAPHORE)提供执行策略。默认情况下，HystrixCommand 使用 THREAD，而 HystrixObservable Command 使用 SEMAPHORE。

HystrixObservableCommand 不需要通过线程来实现隔舱，因为通过 Observable，它已经运行在独立的线程中。可以在 HystrixObservableCommand 中使用 THREAD，但这样做并不会增加安全性。如果想以 SEMAPHORE 方式运行 StockCommand，那么代码应该类似于代码清单 8.3。

代码清单 8.3   使用 SEMAPHORE 的 StockCommand

```
public class StockCommand extends HystrixCommand<String> {
    private final String stockCode;                        使用 Setter 作为流畅接口
                                                          定义 Hystrix 的额外配置
    public StockCommand(String stockCode) {
        super(Setter                          ◄────

    .withGroupKey(HystrixCommandGroupKey.Factory.asKey("StockGroup"))
            .andCommandPropertiesDefaults(
                HystrixCommandProperties.Setter()
                    .withExecutionIsolationStrategy(
HystrixCommandProperties.ExecutionIsolationStrategy.SEMAPHORE  ◄────
                    )                                     设置执行隔离策略为 SEMAPHORE
            )
        );

        this.stockCode = stockCode;
    }
    …
}
```

代码清单 8.3 演示了如何给 Hystrix 设置额外的配置，以便自定义特定命令的行为。在实践中，HystrixCommand 不能使用 SEMAPHORE，因为它无法设置每次执行过程的超时时间。没有超时时间的话，如果消费的服务无法提供及时的响应，那么系统就会很容易发生死锁。

8.3.4 回退

现在，当断路器或隔舱不能继续处理请求时，会返回一个错误响应。尽管这样不是很好，但总比微服务处于等待超时的状态要好。

如果能够提供一个简单的响应来代替这样的故障，会不会很好？在一些情况下，可能很难为这样的情形提供统一的响应，但通常这是可能的，也是有益的。

在图 8.8 中，可以看到在断路器和隔舱之后的故障路径上的回退处理。如果为要消费的微服务注册回退处理程序，就会返回它的响应。否则，返回原始的错误。

现在看一下如何为 StockCommand 实现一个回退处理程序(如代码清单 8.4 所示)。

代码清单 8.4   使用回退的 StockCommand

```
public class StockCommand extends HystrixCommand<String> {
    ...

    @Override
    protected String getFallback() {  ◄────── 重写默认的抛出失败异常的回退
        // Return previous days cached stock price, no network call.
    }
}
```

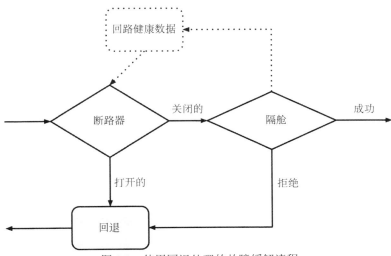

图 8.8　使用回退处理的故障缓解流程

在 HystrixObservableCommand 中实现回退处理程序的方式略有不同,但差别不大(如代码清单 8.5 所示)。

代码清单 8.5　使用回退的 StockObservableCommand

```
public class StockObservableCommand extends HystrixObservableCommand<String> {
    ...                              返回 Observable<String>而不是 String,
                                     以便与命令的响应类型匹配
    @Override
    protected Observable<String> resumeWithFallback() {
        // Return previous days cached stock price as an Observable,
➡  no network call.
    }
}
```

8.3.5　请求缓存

尽管不能直接缓解故障,但通过减少对其他微服务执行的请求数量,请求缓存能够防止隔舱和其他故障的发生。

它是如何做的呢?通过请求缓存,前面的请求及其响应会被缓存,于是可以匹配未来的请求,然后从缓存中返回响应。图 8.9 展示了请求缓存,它位于其他缓解策略的前面,因为它减少了需要通过流程的任何后续阶段的请求数量。

请求缓存提供了两重好处:减少了通过缓解流程的请求数量,同时提高了响应返回的速度。请求缓存并不适合在所有的情况下启用,但是当返回的数据不会发生改变或在微服务完成任务期间不太可能发生改变时,它还是有收益的。

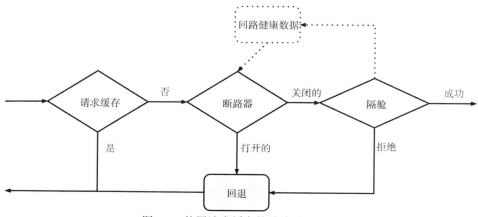

图 8.9   使用请求缓存的故障缓解流程

对于引用数据或检索用户账户，这个解决方案特别有益。它允许微服务按需多次调用外部微服务，而不必担心增加网络流量。这个方法也简化了微服务的内部方法和服务的接口，因为不需要在调用之间传递数据以减少额外的调用。有了请求缓存，就没有额外调用的风险。

为在 Hystrix 中启用请求缓存，需要做两件事情。首先，激活 HystrixRequestContext，这样就有了缓存响应的方法。

```
HystrixRequestContext context = HystrixRequestContext.initializeContext();
```

这个调用需要在执行任何 Hystrix 命令之前进行。在我们的情况中，将在随后看到，第一个调用位于 JAX-RS 端点方法中。其次，需要定义用来缓存响应及其响应的键。

代码清单 8.6 所示为使用请求缓存的 StockCommand。

代码清单 8.6   使用请求缓存的 StockCommand

```
public class StockCommand extends HystrixCommand<String> {
    private final String stockCode;

    ...

    @Override
    protected String getCacheKey() {
        return this.stockCode;
    }
}
```

使用请求中使用的股票代码来重写请求缓存的键

8.3.6   综合运用

在截至目前的流程中有请求缓存、断路器、隔舱和回退处理。图 8.10 展示了它们在实际调用中的位置。

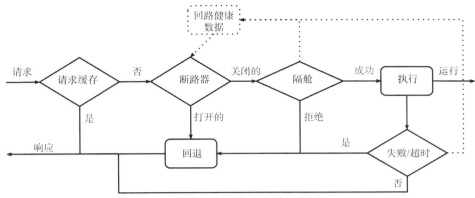

图 8.10　完整的故障缓解流程

这里添加了"执行"，表明此处在调用外部服务。执行时遇到的任何故障或超时都会反馈到回退中，但也会把故障数据提供给回路健康数据。然后，断路器使用这些信息来决定是否达到错误阈值。如果是，将回路切换到打开状态。

图 8.11 进一步展示 Hystrix 如何提供这些特性来集成你的微服务(即服务 A)和另一个消费的微服务(即服务 B)。

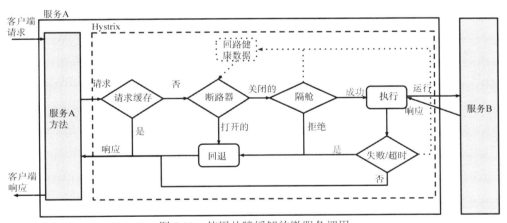

图 8.11　使用故障缓解的微服务调用

当请求进入服务 A 方法(或端点)后，创建一个请求并传给 Hystrix。当在服务 B 上执行之前，请求需要通过已启用的任何检查。来自服务 B 的响应回到服务 A 方法，进行任何必要的处理，然后构建返回给客户端的响应。

如你所见，在很多情况下，Hystrix 能提供不同的或缓存的响应，而不需要直接调用服务 B。这样的流程直接减少故障，也减少引发故障的因素，例如通过使用请求缓存减少微服务的负载。

尽管你只看到 Hystrix 如何实现故障缓解特性，但其他提供相同特性的库或框架也是以类似方式运行的。不过其他库或者框架的实现方法可能大不相同。

8.3.7　Hystrix 仪表盘

现在可以在分布式架构中改进微服务的可靠性。但是，如何才能确定是否有特定的微服务在持续地引起故障？或者是否需要进行调优设置以减少错误并处理额外的负载？

这听起来似乎需要一个方式对容错库的运行进行监控。Hystrix 恰好提供了 SSE，其中有特定微服务的很多细节信息。你可以观察和分析所有的东西——运行微服务的主机数量、处理过的请求、故障、超时等。

Hystrix 还提供可视化这些事件的方式——Hystrix 仪表盘(如图 8.12 所示)。Hystrix 仪表盘可展示从每个注册流收到的 SSE。你很快会看到什么是流。

图 8.12 展示了 StockCommand 的信息。这个小小的 UI 中有很多数据点，但下面的这些是最重要的：

- 最近 10 秒内的错误百分比——100%
- 运行微服务的主机数量——1
- 最近 10 秒内的成功请求数量——0
- 最近 10 秒内被拒绝的短路请求——40
- 最近 10 秒内的故障数量——0
- 回路的开关状态——打开的

提示　有关回路中每个度量的详情请参见 https://github.com/Netflix/Hystrix/wiki/Dashboard。

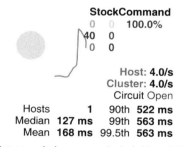

图 8.12　来自 Hystrix 仪表盘的一个回路

接下来看一下仪表盘是如何工作的。切换到/hystrix-dashboard 目录并构建项目。

```
mvn clean package
```

然后运行仪表盘。

```
java -jar target/hystrix-dashboard-thorntail.jar
```

仪表盘启动后，在浏览器中访问 http://localhost:8090/。为了让仪表盘可视化度量数据，需要从断路器中获取这些数据。对于单一回路，直接把 http://localhost:8080/hystrix.stream 添加到主输入框中来添加 SSE 流，如图 8.13 所示。单击 Add Stream 按钮，然后单击 Monitor Streams 按钮。主页面会加载，但在启动微服务之前，流中并不会接收 SSE，所以可视化内容还不会出现。

切换到/chapter8/stock-client 目录并启动微服务。

```
mvn thorntail:run
```

在另一个浏览器窗口中，可以访问 http://localhost:8080/single/AAPL 来请求代码 AAPL 所代表的现时股价详情。URL 路径中可以使用任何有效的股票代码。

如果刷新页面或者用其他的方式发送多个请求，那么可以切回 Hystrix 仪表盘查看回路中的数据。

股票客户端内置了一些处理过程，用于演示特定的 Hystrix 功能。例如，每10 个请求抛出一个异常返回给正在消费的微服务，同时每秒钟的请求都会休眠 10秒以触发超时。这允许你在仪表盘上查看故障的展现方式。

为查看请求缓存的工作方式，可访问 http://localhost:8080/single/AAPL/4。请注意控制台，它只给外部服务发送一次请求，并且每一个返回给浏览器的响应都有同样的请求号。

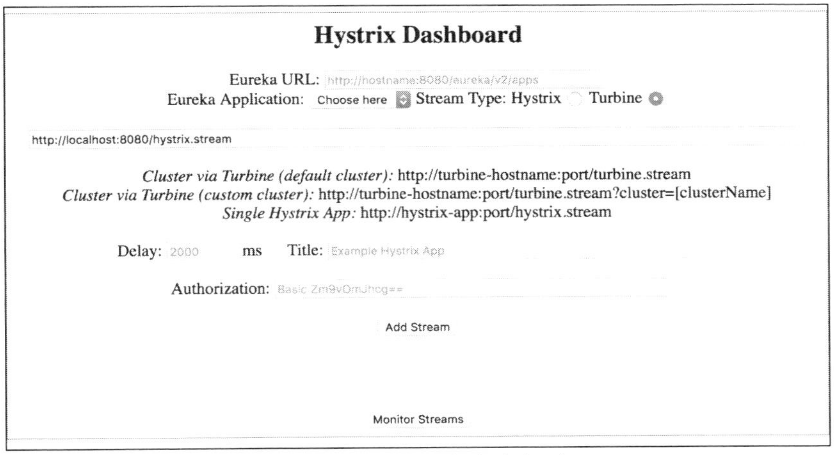

Hystrix Dashboard

Eureka URL: http://hostname:8080/eureka/v2/apps
Eureka Application: Choose here　Stream Type: Hystrix　Turbine

http://localhost:8080/hystrix.stream

Cluster via Turbine (default cluster): http://turbine-hostname:port/turbine.stream
Cluster via Turbine (custom cluster): http://turbine-hostname:port/turbine.stream?cluster=[clusterName]
Single Hystrix App: http://hystrix-app:port/hystrix.stream

Delay: 2000　**ms**　Title: Example Hystrix App

Authorization: Basic Zm9vOmJhcg==

Add Stream

Monitor Streams

图 8.13　Hystrix 仪表盘主页

为充分查看实际中的回路，需要多次地访问服务。

```
curl http://localhost:8080/single/AAPL/?[1-100]
```

这将连续访问服务 100 次，允许你在仪表盘中查看进入的请求以便监控回路。可以在某个时刻看到出现太多的错误，导致断路器变成打开状态。然后就会立即看到所有剩余的请求被短路, 不再访问微服务, 而是返回回退响应。如果等待几秒, 之后再像以前一样使用浏览器访问服务, 就会看到断路器尝试发送请求, 成功并且重新恢复为关闭状态。

可以使用 StockCommand 中的设置查看回路行为的变化。例如(这个例子包含在本书的示例代码中)修改 StockCommand, 设置可用的线程数量来消费微服务(如代码清单 8.7 所示)。

代码清单 8.7　使用线程配置的 StockCommand

```
super(Setter
    .withGroupKey(HystrixCommandGroupKey.Factory.asKey("StockGroup"))
    .andCommandPropertiesDefaults(
        HystrixCommandProperties.Setter()
            .withCircuitBreakerRequestVolumeThreshold(10)
            .withCircuitBreakerSleepWindowInMilliseconds(10000)
            .withCircuitBreakerErrorThresholdPercentage(50)
    )
    .andThreadPoolPropertiesDefaults(
        HystrixThreadPoolProperties.Setter()
            .withCoreSize(1)              ◄─── 指定必须使用 1 个线程
    )
);
```

使用代码清单 8.7 中的 StockCommand 的构造函数重新运行测试, 会显示被 ThreadPool 拒绝的请求。

在查看 Hystrix 仪表盘后, 我们都应该认识到这样的工具在我们的武器库中是多么重要。给外部调用添加 Hystrix 可以为这些执行操作提供一定程度的容错能力, 但这并不是万无一失的。你需要持续地对微服务进行实时监控, 从而追踪即将发生的问题, 并且观察到那些可以通过调整断路器设置来解决的故障。

如果不利用 Hystrix 仪表盘提供的东西, 特别是在实时监控方面, 就无法获得在代码中使用容错库的所有好处。

8.4　把 Hystrix 添加到 Payment 微服务

你已经了解如何实现 Hystrix 并从其仪表盘中查看度量。Stripe 微服务并不是非常可靠, 所以接下来在 Payment 中使用 Hystrix, 以确保 Payment 不会过度地被它的失败或超时影响。

前面的小节已介绍过 Hystrix 提供的各种帮助缓解故障的不同部分。为 Payment 添加 Hystrix 后, 会利用 Hystrix 提供的完整流程。

后面小节的每一部分都需要 Stripe 微服务处于运行状态, 所以现在启动它。首先确保 Minishift 环境已经在运行, 并且已经使用 OpenShift 客户端登录。然后切换到/chapter8/stripe 目录并运行下列命令：

```
mvn clean fabric8:deploy -Popenshift -DskipTests
```

8.4.1　使用 Hystrix 与 RESTEasy 客户端

修改第 7 章中的 Payment，使用 HystrixCommand 与 Stripe 交互(如代码清单 8.8 所示)。

代码清单 8.8　StripCommand

```
public class StripeCommand extends HystrixCommand<ChargeResponse> {
    private URI serviceURI;

    private final ChargeRequest chargeRequest;              把 Stripe URL 和 ChargeRequest
                                                            传给命令并设置属性
    public StripeCommand(URI serviceURI, ChargeRequest chargeRequest) {
        super(Setter
            .withGroupKey(HystrixCommandGroupKey.Factory.asKey("StripeGroup"))
            .andCommandPropertiesDefaults(
                HystrixCommandProperties.Setter()
                    .withCircuitBreakerRequestVolumeThreshold(10)
                    .withCircuitBreakerSleepWindowInMilliseconds(10000)
                    .withCircuitBreakerErrorThresholdPercentage(50)
            )
        );

        this.serviceURI = serviceURI;
        this.chargeRequest = chargeRequest;              重载的构造函数, 允许调用者设
    }                                                    置 Hystrix 属性

    public StripeCommand(URI serviceURI,
            ChargeRequest chargeRequest, HystrixCommandProperties.Setter
    commandProperties) {
        super(Setter

        .withGroupKey(HystrixCommandGroupKey.Factory.asKey("StripeGroup"))
                    .andCommandPropertiesDefaults(commandProperties)
        );
        this.serviceURI = serviceURI;                    等价于第 7 章中的
        this.chargeRequest = chargeRequest;              PaymentServiceResource
    }                                                    方法, 因为服务已经不在
                                                         JAX-RS 资源中被调用
    @Override
    protected ChargeResponse run() throws Exception {
        ResteasyClient client = new ResteasyClientBuilder().build();
        ResteasyWebTarget target = client.target(serviceURI);

        StripeService stripeService = target.proxy(StripeService.class);
        return stripeService.charge(chargeRequest);
    }
```

```
@Override

protected ChargeResponse getFallback() {
    return new ChargeResponse();
}
}
```

如果有问题，那么使用
空的 ChargeReponse 作
为回退的响应

现在有了 StripeCommand，那么与第 7 章相比，PaymentServiceResource 有何
不同之处(参见代码清单 8.9)？

代码清单 8.9　PaymentServiceResource

```
@Path("/")
@ApplicationScoped
public class PaymentServiceResource {
    ....

    @POST
    @Path("/sync")
    @Consumes(MediaType.APPLICATION_JSON)
    @Produces(MediaType.APPLICATION_JSON)
    @Transactional
    public PaymentResponse chargeSync(PaymentRequest paymentRequest) throws
Exception {
        Payment payment = setupPayment(paymentRequest);
        ChargeResponse response = new ChargeResponse();


        try {
            URI url = getService("chapter8-stripe");

            StripeCommand stripeCommand = new StripeCommand(
                url,
                paymentRequest.getStripeRequest(),
                HystrixCommandProperties.Setter()
                    .withExecutionIsolationStrategy(

HystrixCommandProperties.ExecutionIsolationStrategy.SEMAPHORE
                    )
                    .withExecutionIsolationSemaphoreMaxConcurrentRequests(1)
                    .withCircuitBreakerRequestVolumeThreshold(5)
            );
            response = stripeCommand.execute();
            payment.chargeId(response.getChargeId());
        } catch (Exception e) {
            payment.chargeStatus(ChargeStatus.FAILED);
        }

        em.persist(payment);
        return PaymentResponse.newInstance(payment, response);
    }

    @POST
    @Path("/async")
```

实例化命令并设
置 Hystrix 属性

在 execute()方法
上阻塞

```
@Consumes(MediaType.APPLICATION_JSON)
@Produces(MediaType.APPLICATION_JSON)
public void chargeAsync(@Suspended final AsyncResponse asyncResponse,
        PaymentRequest paymentRequest) throws Exception {
    Payment payment = setupPayment(paymentRequest);

    URI url = getService("chapter8-stripe");
    StripeCommand stripeCommand =
        new StripeCommand(url, paymentRequest.getStripeRequest());

    stripeCommand
        .toObservable()
        .subscribe(
            (result) -> {
                payment.chargeId(result.getChargeId());
                storePayment(payment);
                asyncResponse.resume(PaymentResponse.newInstance(payment,
    result));
            },
            (error) -> {
                payment.chargeStatus(ChargeStatus.FAILED);
                storePayment(payment);
                asyncResponse.resume(error);
            }
        );
}
....
}
```

使用默认的 Hystrix
属性实例化命令

为命令获取
Observable

订阅 Observable，传入
成功和失败的方法

PaymentServiceResource 展示了当期待单个响应时，你可以使用同样的
HystrixCommand 实现轻松地在同步和异步的执行模式之间进行切换。

这并没有对第 7 章的代码进行太多的重构，大部分都是把消费外部微服务的
代码抽取到一个新方法和类中，即 StripCommand。

现在已经重构了资源，让我们运行一下。切换到/chapter8/resteasy-client 目录并
运行下列命令：

```
mvn clean fabric8:deploy -Popenshift
```

如果 Hystrix 仪表盘还在运行，那么回到主页，以便添加新流。如果没有运行，
那么像本章前面那样重新开始。

从 OpenShift 控制台中复制 chapter8-resteasy-client 的 URL，将其粘贴到 Hystrix
仪表盘主页上的文本框中，并且添加 hystrix.stream 作为 URL 后缀。依次单击 Add
Stream 和 Monitor Streams 按钮。

Hystrix 仪表盘不会立即展示任何内容，因为还没有发送任何请求。为练习
Payment 服务，可以执行单个或多个请求。使用后者可以更容易地在仪表盘中看
到结果，特别是在它们的执行可以自动化的情况下。

使用前面的 chapter8-resteasy-client 的 URL，可以访问微服务的同步(/sync)或

异步(/async)版本。在其中一个或两个端点上启动一系列请求之后,Hystrix 仪表盘将展示所有已经执行过的成功和失败请求的详情。

8.4.2　使用 Hystrix 与 Ribbon 客户端

RESTEasy 客户端需要作一些修改来添加 Hystrix 支持。接下来看一下 Ribbon 客户端所需的东西。

首先,需要为 Stripe 微服务更新接口定义,以便它能结合 Ribbon 来利用 Hystrix 注解(如代码清单 8.10 所示)。

代码清单 8.10　StripeService

```
@ResourceGroup(name = "chapter8-stripe")
public interface StripeService {

    StripeService INSTANCE = Ribbon.from(StripeService.class);

    @TemplateName("charge")
    @Http(
        method = Http.HttpMethod.POST,
        uri = "/stripe/charge",
        headers = {
            @Http.Header(
                name = "Content-Type",
                value = "application/json"
            )
        }
    )
    @Hystrix(
        fallbackHandler = StripeServiceFallbackHandler.class
    )
    @ContentTransformerClass(ChargeTransformer.class)
    RibbonRequest<ByteBuf> charge(@Content ChargeRequest chargeRequest);
}
```

把 Hystrix 的功能添加到 Ribbon HTTP 请求中,使用一个回退处理程序 →（指向 @Hystrix 行）

这相当简单,只需要额外几行代码即可。

注意　Hystrix 注解只能与 Netflix Ribbon 结合使用。

现在的代码无法编译,因为还没有回退处理程序的类。下面进行添加,如代码清单 8.11 所示。

代码清单 8.11　StripeServiceFallbackHandler

```
public class StripeServiceFallbackHandler implements FallbackHandler<ByteBuf> {
    @Override
    public Observable<ByteBuf> getFallback(
        HystrixInvokableInfo<?> hystrixInfo,
        Map<String, Object> requestProperties) {
```

实现 getFallback()方法,以便在回退时返回期望的东西

```
              ChargeResponse response = new ChargeResponse();
              byte[] bytes = new byte[0];
              try {
                  bytes = new ObjectMapper().writeValueAsBytes(response);
              } catch (JsonProcessingException e) {
                  e.printStackTrace();
              }
              ByteBuf byteBuf =
      UnpooledByteBufAllocator.DEFAULT.buffer(bytes.length);
              byteBuf.writeBytes(bytes);
              return Observable.just(byteBuf);
          }
      }
```

把 byte[]写入上一行创建的 ByteBuf 中

创建一个空的 ChargeReponse 作回退之用，并将其转换为 byte[]

创建一个 Observable，它把 ByteBuf 内容作为结果返回

　　最后需要更新第 7 章的 PaymentServiceResource，但事实不是这样。当用注解来一起使用 Hystrix 和 Ribbon 时的一个好处是，完全不需要修改第 7 章的 PaymentServiceResource。一个很大的优势是，不用重构就可以轻松地把 Hystrix 添加到现有的使用 Ribbon 的微服务中。在需要时简单地添加一个额外的注解和一个回退处理程序即可。

　　现在切换到/chapter8/ribbon-client 目录并运行下列命令：

```
mvn clean fabric8:deploy -Popenshift
```

　　与 RESTEasy 客户端的示例一样，打开浏览器并访问微服务的/sync 或/async 版本，使用 OpenShift 控制台中的服务的基本 URL。然后可以更新 Hystrix 仪表盘，以便使用新流，执行一些请求并查看仪表盘的变化。

　　和其他部署到 Minishift 中的示例一样，在完成之后需要卸载它们，以便释放资源。

```
mvn fabric8:undeploy -Popenshift
```

8.5　本章小结

- 在部署到分布式架构时，延迟和容错很重要，因为它们会对微服务的吞吐量和速度产生负面影响。
- 可以使用 Hystrix 对消费微服务的代码进行包装，以便包含容错特性，例如回退、请求缓存和隔舱。
- 单独的 Hystrix 并不是实现最高容错能力的灵丹妙药。通过一些工具(如 Hystrix 仪表盘)进行实时监控对于成功改进整体的容错能力至关重要。

第 **9** 章

微服务的安全

本章涵盖：
- 理解为什么需要保护微服务
- 如何保护微服务
- 如何消费受保护微服务
- 通过 UI 与受保护的微服务进行交互

本章将展开前面的例子，为其添加多种类型的安全性。首先学习在设计和开发微服务时可能需要考虑的不同类型的安全性。

9.1 保护微服务的重要性

保护微服务是一项关键任务，需要从开发之初就加以考虑。如果不尽早这样做，则会为以后集成安全性带来更长的开发时间。为什么？因为不考虑安全性的设计可能会导致代码需要在今后进行重大的重构才能满足安全性。

虽然在开发典型的企业 Java 应用之前不考虑安全性会很容易导致开发计划增加数个月，但至少对于微服务来说，通常需要重构的代码少得多。尽管如此，提前设计安全性和节省时间不是更好吗？

9.1.1 为什么安全性很重要

作为企业开发者，我们经常被要求开发无数的应用，应用的最终用户可能是内部的，也可能是外部的，有时甚至同时是内部用户和外部用户。图 9.1 展示了一个被一组内部用户使用的微服务。

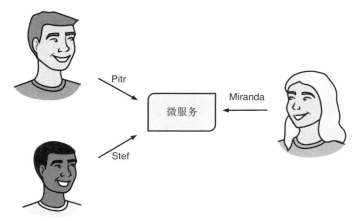

图 9.1　内部用户

有了这些需求，就可忽略安全性吗？不行。

即使正在开发仅为内部用户使用的微服务，你就能保证围绕它的安全性吗？或者当任何防止外部网络入侵的安全屏障被破坏时，会发生什么？

图 9.2 中展示了外部网络中的恶意用户在网络安全被破坏时对微服务的无限制访问。

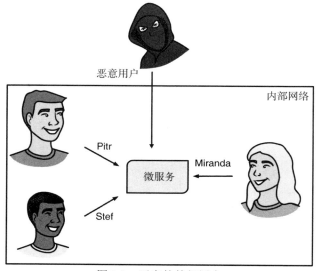

图 9.2　恶意的外部用户

无论实现什么样的预防措施，安全性都不应被视为理所当然的特性。一个常见的误解是认为安全性是绝对可靠的，但事实并非如此。

再看一下图 9.2。如果你认为内部网络是不安全的，就会更倾向于在自己的微服务中添加额外的安全性，从而防止未授权的访问。如果每一个仅服务于内部的应用或微服务不包含自己的安全预防措施，那么就会让外部网络边界上的安全性成为单点故障。

这甚至没有考虑到内部网络中存在恶意用户的情况(参见图 9.3)。尽管内部的恶意用户并不常见，但这种情况不容忽视。发生这种情况的原因有很多，最有可能的是不满的雇员和商业间谍活动。

几乎没有不需要安全的应用类型。这些应用主要局限于提供那些已经公开的只读数据。

所谓可以忽略安全性的应用，是一个相当狭窄的定义。你的企业中每天会构建多少这样的应用呢？很可能没有。在企业的整个生命周期内，已经或将要开发的这种类型的应用的数量是极少的。企业对静态和公开可用的数据并不感兴趣。

这一切意味着什么？它意味着没有应用或服务会忽略安全性，永远也不会。

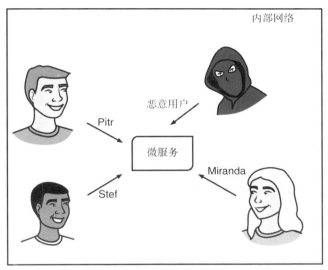

图 9.3　恶意的内部用户

9.1.2　安全性需要解决哪些问题

现在我们知道需要安全性，那么需要解决哪些类型的问题？这本身就可以成为一本书的唯一主题。因为现在不是准备为微服务重写《战争与和平》，所以我们将关注最感兴趣的领域。

对我们来说，身份验证和授权是与微服务最相关的两个方面。在深入研究之前，需要概述一下这些术语的意思。

身份验证可参见图 9.1、图 9.2 和图 9.3。它仅处理用户是否有权访问应用或微服务。应用或微服务所在的位置并不重要，甚至用户是属于企业还是外部用户也不重要。身份验证仅与用户能够访问应用有关。

如果一个微服务不需要区分用户是否被允许进行某些操作，那么只需要身份验证即可。但是，如果认证过的用户对于应用或微服务的不同部分需要不用级别的访问权限，那么还需要授权。

图 9.4 提供了用户角色的示例，这些角色可以被用于进行微服务的授权。

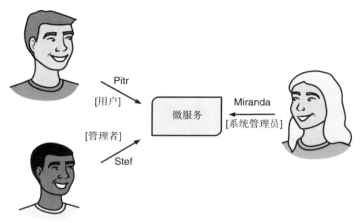

图 9.4   多个用户角色的授权

可以看到这里的角色有 Admin(系统管理员)、Manager(管理者)和 User(用户)，这是所有可能需要的典型角色。微服务需要的角色都是不同的，可能从零到很多个，这取决于需求。

一个企业也可能有如图 9.5 所示的微服务。在这种情况下，微服务由内部用户(角色为 Admin)管理。但微服务的用户位于企业的外部。

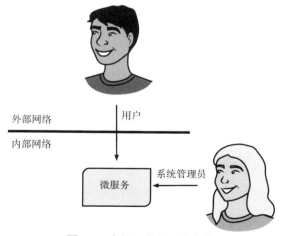

图 9.5   内部和外部用户角色

从包含多个微服务的完整应用的角度出发，为满足安全性需求，需要使用混合身份验证和授权。对于应用中的单个微服务，可能只需要考虑对用户的请求进行身份验证即可。

无论微服务需要什么——认证、授权还是兼而有之——都需要在设计阶段考虑安全性，从而避免它成为最后时刻的担忧。

所以，如何在微服务中添加安全性呢？当然，可以开发自己的安全解决方案，但是在很多情况下都远远不够理想。你不得不花费时间开发和维护它。开发自己的安全解决方案不仅会导致延迟开发所需的微服务，还会给未来的开发者带来额外的维护负担。

你想要利用的是由一大群开发者开发和管理的可靠项目，并且它提供所需要处理的安全用例。虽然对于这样的项目可能有许多可用的选项，但在本书中，我们将选择 Keycloak。

9.2　使用 Keycloak

Keycloak 是一个开源项目，它为现代应用和服务提供身份和访问管理。只需要少量工作即可实现向应用添加身份验证和保护服务。

9.2.1　理解 Keycloak 的特性

Keycloak 提供了很多特性。下面是与微服务开发最相关的四个：

- 单点登录——允许用户通过 Keycloak 进行身份验证，而不是每个单独的应用或服务。用户登录 Keycloak 后，他们可以访问任何通过 Keycloak 进行身份验证的应用或服务。
- 社会化登录——使用 Keycloak 启用社会化登录非常简单，在管理控制台中配置社交网络即可。不需要修改代码或应用。
- 用户联盟——如果用户通过 LDAP 或 Active Directory 注册，那么可以轻易地将他们与 Keycloak 联合。如果用户在不同类型的存储(如关系型数据库)中，那么也可以通过开发自己的提供者来访问用户。
- 标准协议——Keycloak 对 OpenID Connect、OAuth 2.0 和 SAML(Security Assertion Markup Language，安全断言标记语言)提供了开箱即用的支持。

Keycloak 的完全细节和特性可以在其网站中找到，参见 www.keycloak.org。

9.2.2　设置 Keycloak

首先，为将要进行集成的微服务和应用下载 Keycloak 服务器。对于我们的目的，有两个方式。可以下载一个完整的为 Keycloak 进行定制的 WildFly 发行版，或者下载用 Thorntail 构建的 Keycloak 服务器。为跟上微服务的做事方式，选择 Thorntail 版本。下面的示例所需的版本可以从 http://mng.bz/s6r9 中下载。

下载后，在一个单独的端口上启动这个版本，这样它不会与其他微服务冲突。

```
java -Dswarm.http.port=9090 -jar keycloak-2018.1.0-swarm.jar
```

服务器启动后，在浏览器中打开 http://localhost:9090/auth/，可以看到类似图 9.6 的界面。

图 9.6   设置 Keycloark 管理员用户

输入 Keycloak 服务器的管理员账户的用户名和密码，然后单击 Create 按钮。接下来，单击 Administration Console 链接，就能看到图 9.7 中的登录界面。

图 9.7   Keycloak 的管理控制台登录页面

输入在设置管理员账户时提供的登录凭证，然后单击 Login In 按钮。

图 9.8 展示了 Keycloak 管理控制台的主页面。从这里开始，Keycloak 的所有部分都可以被修改和调整，以便适应具体需求。默认情况下，Keycloak 创建一个名为 Master 的域。

由于 Master 域包含管理员用户，因此一个好的实践是，对于那些通过应用或微服务进行身份验证的用户不要使用此域。

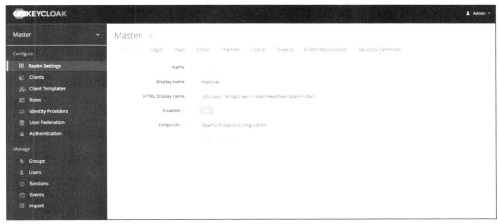

图 9.8　Keycloak 管理控制台

Keycloak 域

Keycloak 域管理一组用户，以及他们的凭证、角色和分组。不同的域彼此隔离，并且只负责管理与之关联的用户。

域提供了为不同的目的隔离不用分组的用户的方式。可以有一个域用于金融微服务，另一个域用于人员管理微服务。这些隔离确保来自不用域的用户能够保持隔离，但同时又被同一个 Keycloak 实例管理。

取决于具体需求，Keycloak 可以足够灵活地处理应用或微服务所需的任何场景。对于典型的应用开发，一个常见的并且与微服务相关的需求是需要对用户进行身份验证，并且在调用服务时使用他们的凭证。

图 9.9 展示了一个请求在 UI 中对用户进行身份验证所需的路径。

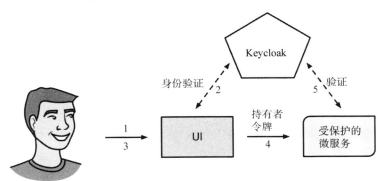

图 9.9　通过 UI 进行用户的身份验证

身份验证的步骤如下所示：

(1) 用户请求登录应用 UI。

(2) UI 将其重定向到 Keycloak 完成登录。Keycloak 返回令牌，令牌可用于放行认证过的请求。

(3) 用户加载一个需要身份验证的视图。

(4) Keycloak 提供的持有者令牌会被添加到 HTTP 请求头中。

(5) 从请求中抽取出令牌，然后传给 Kaycloak 进行验证。如果这个令牌有效，那么受保护的微服务就能够处理这个请求；否则，返回 HTTP 401 状态码，表明这是未授权的用户发起的请求。

定义 持有者令牌是一个具有特殊的行为属性的安全令牌。只要是同样的令牌，那么拥有令牌的任何一方都可以做任何同样的事情。使用持有者令牌时，不需要持有者提供加密密钥。

对于前面流程的进行微调：一个微服务对自己进行身份验证，用来放行对受保护的微服务的请求。图 9.10 展示了这个调整。

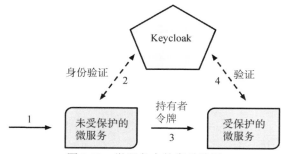

图 9.10   微服务中的身份验证

这个流程的不同之处在于，对受保护微服务的调用并不包含或接收来自用户的认证令牌。

(1) 请求被未受保护的微服务接收。

(2) 未保护的微服务通过 Keycloak 对自己进行认证。

(3) 作为 HTTP 请求头的一部分，持有者令牌被传给受保护的微服务。

(4) 从请求中抽取令牌并传给 Keycloak 进行验证。如果这个令牌有效，那么受保护的微服务就能处理请求。否则，返回 HTTP 401 状态码，表明这是未授权的用户发起的请求。

本章的剩余部分将给出这两种场景的示例。让我们看一下如何使用 Keycloak 来保护微服务。

9.3　保护 Stripe 微服务

在本节中，将看到身份验证如何在图 9.10 所示的场景中工作。来自第 8 章的 Stripe 和 Payment 微服务将使用类似图 9.10 中的方式实现安全性。Payment 微服务将使用 RESTEasy 客户端版本。下面使用 Stripe 和 Payment 看一下前面的场景，如图 9.11 所示。

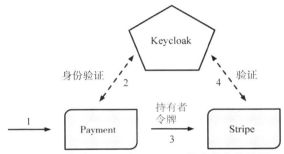

图 9.11　包含 Stripe 和 Payment 服务的身份验证

9.3.1　配置 Keycloak

Keycloak 运行后，下一步是定义一个用于关联到微服务的域。

登录到管理控制台后，将鼠标悬停在左上角名为 Master 的域上，会展示 Add realm 按钮，如图 9.12 所示。

图 9.12　访问 Keycloak 中的 Add realm 按钮

单击 Add realm 按钮，会打开创建域的界面。图 9.13 显示了这个界面。

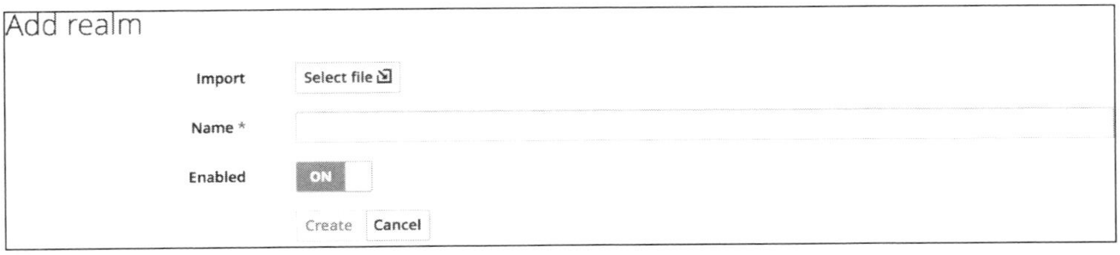

Add realm		
Import	Select file ⬚	
Name *		
Enabled	ON	
	Create　Cancel	

图 9.13　创建一个域

单击 Select file 选项，选择本书代码仓库的/chapter9/keycloak 目录下的 cayambe-realm.json，然后单击 Open 按钮。

图 9.14 展示了将在 Keycloak 中创建的域。为完成导入，需要单击 Create 按钮，以便导入 cayambe-realm.json 的内容，然后会创建 Cayambe 域。

图 9.14   导入 Cayambe 域

有了 Cayambe 域后，就能利用 Keycloak 服务账户的特性。这个特性允许客户端在没有用户交互的情况下使用 Keycloak 进行认证。这个特性对于那些不是被用户直接触发的管理任务非常有用，例如一些仍旧需要身份验证的定时作业。

刚才创建了域，现在看一下导入的 JSON 文件，查看 Keycloak 进行了哪些设置(如代码清单 9.1 所示)。

代码清单 9.1   cayambe-realm.json

分配给服务账户用户的角色

```
    "realm": "cayambe",           ◀──  指定域的名称为 cayambe
    "enabled": true,  ◀
    ...                               确保域在被加载之后是启用的
    "users": [
      {                                                      服务账户用户的
        "username": "service-account-payment-service",  ◀   唯一用户名
        "enabled": true,
        "serviceAccountClientId": "payment-authz-service",  ◀
        "realmRoles": [                                      定义与服务账户
          "stripe-service-access"                            进行身份验证的
        ]                                                    clientId
      }
    ],
    "roles": {
      "realm": [                              定义 stripe-service-access
        {                                     域角色
          "name": "stripe-service-access",  ◀
          "description": "Stripe service access privileges"
        }
      ]
    },
    "clients": [                              Payment 服务的
      {                                       唯一 clientId
        "clientId": "payment-authz-service",  ◀
        "secret": "secret",  ◀
        "enabled": true,                      用户对服务账户用户进行
        "standardFlowEnabled": false,         身份验证的密钥
```

```
                "serviceAccountsEnabled": true
        },
        {
                "clientId": "stripe-service",      ← 受保护的 Stripe 微服务的 clientId
                "enabled": true,
                "bearerOnly": true
        }                                标识客户端仅验证持有者令牌，但不
]                                        能获取它们
```

为这个客户端启用 Keycloak 的服务账户的特性

此处定义的所有名称和 ID 在同一个域中都是唯一的，但它们本身并没有具体含义，仅是文本而已。

重要的是，域中服务的 Client ID 要与服务配置(将在下节介绍)中的规范相匹配。这样，Keycloak 服务器就能处理 Stripe 和 Payment 的认证。

9.3.2　保护 Stripe 资源

第一步是保护 Stripe 微服务，以确保在访问 Stripe API 时告诉你没有使用合适的身份验证信息。一旦确认在正确地连接服务，就要添加必要的身份验证。

如果使用第 8 章的代码，可以无须修改 StripeResource 来添加安全性。我们可以在不修改代码的情况下给现有的 RESTful 端点添加安全性。这是如何做到的？

需要立即让 Maven 知道，你想在 Thorntail 微服务中使用 Keycloak。为此需要在 pom.xml 中添加依赖项。

```xml
<dependency>
    <groupId>io.thorntail</groupId>
    <artifactId>keycloak</artifactId>
</dependency>
```

唯一的任务是定义 Keycloak 的位置、配置以及需要保护的东西。值得庆幸的是，只需要在 Thorntail 的一个文件中进行定义即可。在 Stripe 微服务的 src/main/resources 中添加 project-defaults.yml 文件并使用代码清单 9.2 所示的内容。

代码清单 9.2　project-defaults.yml

把微服务标识为仅验证持有者令牌

bearer-only: true
auth-server-url: http://192.168.1.13:9090/auth
ssl-required: external
resource: stripe-service
enable-cors: true

把这个资源标识为 stripe-service，它对应 cayambe-realm.json 中的 Client ID

服务域所在的 Keycloark 服务器的 URL。当把服务部署到 Minishift 时，不能使用 localhost

deployment:
  chapter9-stripe.war:
    web:
      security-constraints:
      - url-pattern: /stripe/charge/*
        roles: [stripe-service-access]

从这个微服务中访问/stripe/charge 的请求是受保护的

这一部分为 chapter9-stripe.war 定义特定于部署的配置。它相当于 web.xml 提供的配置

只有拥有 stripe-service-access 角色的用户才能在这个微服务上成功地执行请求

现在，Stripe 微服务已经针对未认证的访问进行保护。让我们试一下。切换到/chapter9/serviceauth/stripe 目录并运行下列命令：

```
mvn thorntail:run
```

打开浏览器访问 http://localhost:8080/stripe/charge，它会表明未授权。来自浏览器的请求并不包含持有者令牌，遭到拒绝，因为还没有正确地进行身份验证。

为看到更多的细节，可以使用浏览器插件显示 HTTP 网络调用或从终端使用 curl 命令(如代码清单 9.3 所示)。

代码清单 9.3   使用 curl 访问 Stripe 的输出

```
$ curl -v http://localhost:8080/stripe/charge

*    Trying ::1...
* TCP_NODELAY set
* Connected to localhost (::1) port 8080 (#0)
> GET /stripe/charge HTTP/1.1    ←——  HTTP 请求头
> Host: localhost:8080
> User-Agent: curl/7.54.0
> Accept: */*
>
< HTTP/1.1 401 Unauthorized    ←——  HTTP 响应头
< Expires: 0
< Connection: keep-alive
< WWW-Authenticate: Bearer realm="cayambe"
< Cache-Control: no-cache, no-store, must-revalidate
< Pragma: no-cache
< Content-Type: text/html;charset=UTF-8
< Content-Length: 71
< Date: Sun, 25 Feb 2018 03:22:53 GMT
<
* Connection #0 to host localhost left intact
```

```
<html><head><title>Error</title></head><body>Unauthorized</body></html>
```
HTTP 响应体

现在可以更容易地看到，我们接收到 HTTP 响应码 401，表明对这个 URL 的访问是未授权的。如今 Stripe 已经被正确地保护起来，那么在没有用户凭证的情况下，另一个微服务如何访问它呢？

也可以将 Stripe 部署到 Minishift 中，如下所示：

```
mvn clean fabric8:deploy -Popenshift
```

9.3.3　在 Payment 资源中进行身份验证

本章中的 Payment 服务来自第 8 章的 RESTEasy 客户端。需要作一些小的修改，以便让它通过 Keycloak 来认证自己。

为能够通过 Keycloak 认证 Payment，需要添加对 Keycloak Authz Client 的依赖。

```
<dependency>
    <groupId>org.keycloak</groupId>
    <artifactId>keycloak-authz-client</artifactId>
    <version>3.4.0.Final</version>
</dependency>
```

这个依赖项提供通过 Keycloak 进行认证所需的实用程序类。现在需要定义进行交互的 Keycloak，以及 Gayambe 域中的 Payment 微服务。为此，需要在 src/main/resources/目录中创建 keycloak.json 文件(如代码清单 9.4 所示)。

代码清单 9.4　Payment 微服务的 keycloak.json

用来进行身份验证的域——在本例中是 cayambe

cayambe 域所在的 Keycloak 服务器的 URL

```
{
    "realm": "cayambe",
    "auth-server-url": "http://192.168.1.13:9090/auth",
    "resource": "payment-authz-service",
    "credentials": {
        "secret": "secret"
    }
}
```

把这个服务标识为 payment-authz-service，它对应 cayambe-realm.json 中的 Client ID

传给 Keycloak 并对这个客户端进行身份验证的凭证

这就是需要的所有配置。接下来添加代码，以便用 Keycloak 进行身份验证。由于使用的是 Hystrix，因此需要把身份验证的处理添加到 StripeCommand 中(如代码清单 9.5 所示)。

代码清单 9.5　StripeCommand——getAuthzClient 方法

添加一个帮助方法来获取
Keycloak 的 AuthzClient

如果还没有创建 AuthzClient,
那么继续

```
private AuthzClient getAuthzClient() {
    if (this.authzClient == null) {
        try {
            this.authzClient = AuthzClient.create();
        } catch (Exception e) {
            throw new RuntimeException("Could not create authorization
client.", e);
        }
    }

    return this.authzClient;
}
```

创建 AuthzClient,它使用来自
keycloak.json 的信息对自己进
行身份验证

有了 AuthzClient 后,就可以获取访问令牌,并且把它添加到任何发给 Stripe 的请求中。为此,必须修改 StripeCommand 中的 run()方法,在拥有 ResteasyClient 实例后,添加一个请求过滤器(如代码清单 9.6 所示)。

代码清单 9.6　StripeCommand——run 方法

使用 AuthzClient 从 Keycloak 获取访问令牌,给
令牌添加 Bearer 前缀并将其添加到列表中

注册一个匿名的 ClientRequestFilter
来修改 HTTP 请求

```
protected ChargeResponse run() throws Exception {
    ResteasyClient client = new ResteasyClientBuilder().build();

    client.register((ClientRequestFilter) clientRequestContext -> {
        List<Object> list = new ArrayList<>();
        list.add("Bearer " +
getAuthzClient().obtainAccessToken().getToken());
        clientRequestContext.getHeaders().put(HttpHeaders.AUTHORIZATION,
list);
    });

    ResteasyWebTarget target = client.target(serviceURI);

    StripeService stripeService = target.proxy(StripeService.class);
    return stripeService.charge(chargeRequest);
}
```

把创建的列表添加到请求头
的 AUTHORIZATION 中

这就是在向 Stripe 发送请求时添加持有者令牌需要的所有工作。

9.3.4　测试受保护的微服务

现在已经设置好 Stripe 和 Payment,接下来介绍所有的微服务是如何运行和交互的。如果还没有运行 Keycloak 服务器和 Stripe,那么重新启动它们,确保把 Stripe 部署到 Minishift 中。

然后启动 Payment，切换到/chapter9/serviceauth/payment-service 目录，运行下列命令：

```
mvn clean fabric8:deploy -Popenshift
```

打开 OpenShift 控制台，获取 Payment 的 URL。然后使用在第 7 章和第 8 章中用到的同样工具向/sync 和/async 端点发起 HTTP POST 请求。如果尝试直接访问 Stripe 微服务，那么依旧会得到返回码为 401 的 HTTP 响应，表明未授权。

为看到从 Payment 中访问 Stripe 时的 HTTP 请求头，需要对请求进行拦截或用其他方式将其输出。本例会修改 Stripe，直接输出 HTTP 请求和响应的消息头。

接下来修改/chapter9/serviceauth/stripe 下的 project-defaults.yml，去掉如下所示代码的注释。

```
undertow:
  servers:
    default-server:
      hosts:
        default-host:
          filter-refs:
            request-dumper:
  filter-configuration:
    custom-filters:
      request-dumper:
        class-name: io.undertow.server.handlers.RequestDumpingHandler
        module: io.undertow.core
```

重启 Stripe，然后在 Payment 上放行另一个请求。在 OpenShift 控制台中，找到 Stripe 服务，单击 pod 状态右边的三个点。从那里选择 View Logs，就会看到 Stripe 的日志输出，如下所示：

```
--------------------------REQUEST--------------------------
              URI=/stripe/charge
characterEncoding=null
    contentLength=63
      contentType=[application/json]
          header=Accept=application/json
          header=Connection=Keep-Alive
          header=Authorization=Bearer
```

eyJhbGciOiJSUzI1NiIsInR5cCIgOiAiSldUIiwia2lkIiA6ICJCTTRFT3FlZXU1bGowaWZzw
cHR0aWtEeejdnakhsNzBjd2hreGY4c05

NWU1NIn0.eyJqdGkiOiJmNDIyNmJlYS1hNWE2LTQ0NDgtOTBiZS5kNmI4NGUwY2FlOWUiLCJ
leHAiOjE1MTk1MzI0MTksIm5iZiI6MC

wiaWF0IjoxNTE5NTMyMzU5LCJpc3MiOiJodHRwOi8vMTkyLjE2OC4xLjEzOjkwOTAvYXV0aC
9yZWFsbXMvY2F5YW1iZSIsImF1ZCI6I

nBheW1lbnQtYXV0aHotc2VydmljZSIsInN1YiI6IjljZjAyOTQ5LTgxMzctNGM1Ny04MTY4L

TVhMzlhMDczMTRlMCIsInR5cCI6IkJl

YXJlciIsImF6cCI6InBheW1lbnQtYXV0aotc2VydmljZSIsImF1dGhfdGltZSI6MCwic2Vz
c2lvbl9zdGF0ZSI6IjI5MGM3MTJiLTJ

kMzItNGZjMi05YWJjLTIxOGFlNTk2MjQwMiIsImFjciI6IjEiLCJhbGxvd2VkLW9yaWdpbnM
iOltdLCJyZWFsbV9hY2Nlc3MiOnsicm

9sZXMiOlsic3RyaXBlLXNlcnZpY2UtYWNjZXNzIl19LCJyZXNvdXJjZV9hY2Nlc3Mint9LC
JwcmVmZXJyZWRfdXNlcm5hbWUiOiJzZ
        XJ2aWNlLWFjY291bnQtcGF5bWVudC1zZXJ2aWNlIn0.fO-mOqigv661fSj-
HNtVGixm_63QYw6Yl5Yo-
        BpDy7vLNQ5uLnWXLTovkiCnOfB8K1mNlAgWM-h5Nwc7IUCy7MJtMg-
        5L0ts0OOQRknIi42QrEN2kSTvQuTwJCtuhmQqfaV23rpn5SG7hf-
5RVFnpgq3ElfEMW2fs7Ygnv-
        FlQ1Ls7Ns_uKZ7iH7kpwHl30xvXK_Lid9NXEyZI3e
7DcpFZPvALRt5_xBJOZk2ZfdITBVKxKc3g7r78ndmK1rnC8ar6t8Fplba2pUv_HYrMvthGp6
XUwALr31qQcAmBS4Oua
        qRJr2oa7SwSPfkYBsdR_BvPO1rM2R9h8VSYb_5z-A
        header=Content-Type=application/json
        header=Content-Length=63
        header=User-Agent=Apache-HttpClient/4.5.2 (Java/1.8.0_141)
        header=Host=chapter9-stripe:8080
        locale=[]
        method=POST
      protocol=HTTP/1.1
    queryString=
    remoteAddr=/172.17.0.5:47052
    remoteHost=172.17.0.5
        scheme=http
          host=chapter9-stripe:8080
    serverPort=8080
-------------------------RESPONSE-------------------------
    contentLength=56
    contentType=application/json
        header=Expires=0
        header=Connection=keep-alive
        header=Cache-Control=no-cache, no-store, must-revalidate
        header=Pragma=no-cache
        header=Content-Type=application/json
        header=Content-Length=56
        header=Date=Sun, 25 Feb 2018 04:19:24 GMT
        status=200
==

9.4　捕获用户身份验证

为查看如何使用用户凭证来调用受保护的微服务，下面对新的 Cayambe 的管理界面进行保护。

在这个场景中，已经确定部分用户需要从系统中删除类别。这看起来很合理，但你不想让任何人都有权限删除类别。

为实现这个目标，需要对代码进行修改：

(1) 在 JAX-RS 资源上对 HTTP DELETE 方法进行保护。

(2) 与 Keycloak 集成，以便让用户登录 UI。

(3) 在 UI 上为类别树中的类别添加 Delete 按钮，但仅对拥有 Admin 角色的用户启用。

9.4.1　配置 Keycloak

在前面设置 Cayambe 域时并没有展示它，但是该域已经设置好进行用户身份验证所需的东西(如代码清单 9.7 所示)。现在介绍用户身份验证相关的细节。

代码清单 9.7　cayambe-realm.json

```
"realm": "cayambe",          ◀───  指定域的名称
...                                 为 cayambe
"users": [
  {
    "username": "ken",
    ...
    "realmRoles": [          ◀───  创建用户 ken，其域角色
      "admin",                     包含 user 和 admin
      "user",
      "offline_access"
    ],
    ...
  },
  {
    "username": "bob",
    ...
    "realmRoles": [          ◀───  创建用户 bob，其
      "user",                      域角色包含 user
      "offline_access"
    ],
    ...
  }
],
"roles": {
  "realm": [                 ◀───  指定域角色
    {                              user 和 admin
      "name": "user",
      "description": "User privileges"
    },
    {
      "name": "admin",
      "description": "Administrator privileges"
    }
  ]
},
"clients": [
  {
    "clientId": "cayambe-admin-ui",   ◀───  UI 的 Client ID
```

```
        "enabled": true,
        "publicClient": true,
        "baseUrl": "http://localhost:8080",          publicClient 表明客户端能
        "redirectUris": [                             让用户登录 Keycloak
          "http://localhost:8080/*"
        ]
      },
      {
        "clientId": "cayambe-admin-service",          UI 使用的 JAX-RS 端点的
        "enabled": true,                              Client ID
        "bearerOnly": true
      }
    ]
```

应用的基本 URL

现在已经准备好对应用进行修改。

9.4.2   保护类别删除

如果使用第 6 章 admin 目录中的代码，那么可以像保护 Stripe 一样保护类别
删除，只需要做出很少的修改。同样，需要为 Thorntail 中的 Keycloak 添加 Maven
依赖项。

```
<dependency>
    <groupId>io.thorntail</groupId>
    <artifactId>keycloak</artifactId>
</dependency>
```

接下来，使用 project-defaults.yml 配置与 Keycloak 的集成(如代码清单 9.8 所
示)。

代码清单 9.8   project-defaults.yml

```
swarm:                                      用户身份验证的域——
  keycloak:                                 在本例中是 cayambe
    secure-deployments:
      chapter9-admin.war:                                        把这个资源标识为
        realm: cayambe                                           cayambe-admin-service，
        auth-server-url: http://192.168.1.13:9090/auth           它对应 cayambe-realm.json
        ssl-required: external                                   中的 Client ID
        resource: cayambe-admin-service
        bearer-only: true
    deployment:                                     这一部分为 chapter9-admin.war 定
      chapter9-admin.war:                           义特定于部署的配置。它等价于
        web:                                        web.xml 提供的配置
          security-constraints:
            - url-pattern: /admin/category/*        /admin/category 下的所有请求都是受
              methods: [ DELETE ]                   保护的(针对 HTTP DELETE 方法)。
              roles: [ admin ]                      只有角色为 admin 的用户才能使用
cayambe 域所在的 Keycloak 服务器的 URL                定义的 URL 和方法执行请求
```

这就是在 REST 上保护类别删除所需的全部内容，但下面会更进一步，以便提供执行删除操作的用户的详细信息。

通过添加来自 Thorntail 的 Keycloak 依赖项，可以在微服务中获取正在发起请求的用户的详细信息。这对于审计谁在做什么很有用，不过出于我们的目的，将把信息打印到控制台(如代码清单 9.9 所示)。

代码清单 9.9 CategoryResource

```
@DELETE
@Produces(MediaType.APPLICATION_JSON)          把 JAX-RS 的 SecurityContext 作为
@Path("/category/{categoryId}")                 参数注入。它让你能够访问来自
@Transactional                                  HTTP 请求的安全信息
public Response remove(
        @PathParam("categoryId") Integer categoryId,
        @Context SecurityContext context) throws Exception {
    String username = "";
                                                检查 User Principal 的类型是否为期
                                                望的 KeycloakPrincipal
    if (context.getUserPrincipal() instanceof KeycloakPrincipal) {
        KeycloakPrincipal<KeycloakSecurityContext> kp =
            (KeycloakPrincipal<KeycloakSecurityContext>)
        context.getUserPrincipal();            获取 User Principal 并转换成 KeycloakPrincipal

        username = kp.getKeycloakSecurityContext().getToken().getName();
    }                                          从 HTTP 请求的令牌中取得发起请
                                                求的用户的名称
    try {
        Category entity = em.find(Category.class, categoryId);
        em.remove(entity);
        System.out.println(username + " is deleting category with id: " +
    categoryId);                               打印一条简单的审计消息,表明正在
    } catch (Exception e) {                     删除的类别和执行删除操作的用户
        return Response
                .serverError()
                .entity(e.getMessage())
                .build();
    }

    return Response
            .noContent()
            .build();
}
```

9.4.3 在 UI 中对用户进行身份验证

现在 RESTful 端点中的类别删除操作是安全的，可以让这个功能出现在应用的 UI 中。为查看对 UI 做出的修改，可以打开本章代码的/chapter9/admin_ui/ui 目录。

在这种情况下，通过把 NPM 依赖项(即 keycloak-js)添加到 package.json 中，可添加 Keycloak 提供的 JavaScript 代码。我们也可以从服务器下载合适的 JavaScript 文件(通过访问 http://localhost:9090/auth/js/keycloak.js)。

与基于 Java 的服务类似，需要用 keycloak.json 文件配置与 Keycloak 服务器的连接(如代码清单 9.10 所示)。

代码清单 9.10　Admin UI 的 keycloak.json

```
{
  "realm": "cayambe",
  "auth-server-url": "http://192.168.1.13:9090/auth",
  "ssl-required": "external",
  "resource": "cayambe-admin-ui",
  "public-client": true
}
```

你应该对这段代码非常熟悉，因为它包含连接 Keyloak 一般所需的东西。此处定义 cayambe-admin-ui 作为资源，它是前面的 cayambe-realm.json 文件(即导入 Keycloak 的文件)中指定的 Client ID。

有了 keycloak.json 文件，就可以初始化 Keycloak 连接(如代码清单 9.11 所示)。

代码清单 9.11　keycloak-service.js

从 NPM 模块 keycloak-js 中导入 Keycloak 对象

创建 Keycloak 对象，并告知其 keycloak.json 配置文件的位置

```
import Keycloak from 'keycloak-js';

const keycloakAuth = Keycloak('/keycloak.json');
keycloakAuth.init({ onLoad: 'check-sso' })
  .success((authenticated) => {
    // Handle successful initialization
  })
  .error(() => {
    // Handle failure to initialize
});
```

使用 check-sso 初始化 Keycloak，它仅检查当前的用户是否登录

如果成功登录 Keycloak，那么就会给 success()传入 authenticated 参数，以表明用户是否通过身份验证

作为代码清单 9.11 中的 success()处理的一部分，这里设置一些稍后需要的变量。其中包括获取登录 Keycloak 的 URL，因为需要把这个 URL 添加到 UI 中。

```
this.auth.loginUrl = this.auth.authz.createLoginUrl();
```

然后可以把这个值添加到页面头部的 ReactJS 组件中，以便提供一个登录的链接。

```
<li className="dropdown">
  <a className="dropdown-toggle nav-item-iconic"
➥ href={this.props.login}>Login</a>
</li>
```

this.props.login 被设置为 Keycloak 登录 URL 的值(即 this.auth.loginUrl 的值)。

另外还需要在页面头部添加当前的登录用户的信息，并且提供一个用来登出的方式。这些留作练习，可用来探索 JavaScript 以及它们是如何工作的。

最后一部分是在 UI 中添加一个按钮来删除类别。CategoryListContainer(一个 ReactJS 组件)会为adminRole属性设置一个布尔值，用来表示用户是否有 Admin 角色。

接下来只需要添加 HTML 代码，基于这个属性启用或禁用一个按钮。

```
<button disabled={!this.props.adminRole} className="btn btn-danger"
➡ onClick={() => this.props.onDelete(category.id)}>Delete</button>
```

这就是绝大部分的 UI 工作(除了把认证过的用户令牌添加到任何需要它的请求中)。下面就完成这一工作。

就像在前面的 Payment 微服务中那样，需要修改用于删除的 ReactJS 动作，把令牌添加到请求上(如代码清单 9.12 所示)。在 JavaScript 中，这个流程很类似。

代码清单 9.12　删除管理类别

导入帮助执行 HTTP 调用的 NPM 模块

定义 Admin 微服务的 RESTful 端点的根 URL

```
import axios from 'axios';
const ROOT_URL = 'http://localhost:8081';

if (store.getState().securityState.authenticated) {
  store.getState().securityState.keycloak.getToken()
    .then(token => {
      axios.delete(`${ROOT_URL}/admin/category/${id}`, {
        headers: {
          'Authorization': 'Bearer ' + token
        }
      })
        .then(response => {
          // Handle success response
        })
        .catch(error => {
          // Handle errors
        });
    })
    .catch(error => {
      dispatch(notifyError("Error updating token", error));
    });
} else {
  dispatch(notifyError("User is not authenticated", ""));
}
```

从 keycloak-service.js 检索已通过身份验证的令牌

定义想要执行的 HTTP DELETE 请求

把 keycloak.getToken()返回的令牌设置到请求头的 Authorization 中

检查当前是否有身份验证过的用户

还记得 UI 和 Keycloak 如何进行交互吗? 可以在图 9.15 中再看一下。

当 UI 在 RESTful 端点上调用 delete 时，如果存在令牌，就会把它添加到请求上。现在，来自 UI 的任何其他请求都不会传递令牌，但如果需要保护其他端点或记录用户发起请求的信息，则可以用同样的方式添加令牌。

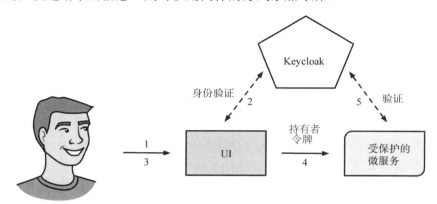

图 9.15　通过 UI 进行身份验证

9.4.4　测试新 UI 和服务

现在是时候使用新 UI 了。如果 Keycloak 不在运行，那么使用本章前面给出的命令来启动。启动 Admin 服务的 RESTful 端点，切换到/chapter9/admin_ui/admin，然后运行下面的命令：

```
mvn thorntail:run
```

UI 终于可以运行起来了！如果想模拟生产环境的构建，则需要另一个命令来构建和启动 UI：

```
mvn clean install
java -jar target/chapter9-ui-thorntail.jar
```

现在访问 http://localhost:8080，就能看到应用的主页面，如图 9.16 所示。

图 9.16　Cayambe 管理界面

和之前一样，可以查看类别。但现在右上角有了 Login 链接，每个类别也有对应的 Delete 按钮。

单击 Login 链接，会重定向到 Keycloak 进行身份验证。输入 bob 作为用户名，password 作为密码。然后会被重定向回应用中，并且已经通过身份验证，如图 9.17 所示。

图 9.17　使用 User 角色登录 Cayambe 管理页面

尽管已经通过身份验证，但是 Delete 按钮依然是禁用状态。因为 Bob 只有 User 角色，不被允许删除类别。

为查看如何删除类别，单击右上角的用户详情，选择 Logout 选项登出 Bob。现在以 ken 身份并使用与之前一样的密码进行登录。如图 9.18 所示。

图 9.18　使用 Admin 角色登录 Cayambe 管理页面

此时 Delete 按钮变成明亮的红色，表明对当前用户来说是可用的。单击它会删除选中的类别，然后会看到类别被移除，并且出现一条消息，表明类别被成功删除。

在本章中，我并没有对 ReactJS 代码进行太多的解释，例如检查令牌有效性和令牌过期时进行刷新的代码。可在本书的源代码中查看应用的所有 JavaScript 代码。

9.5　本章小结

- 无论微服务是否仅被内部用户使用，对它们进行保护都至关重要。你无法预测所有类型的恶意用户，他们可能试图通过微服务制造伤害。
- Keycloak 可以接收持有者令牌，提供授权客户端，并且提供用来保护微服务的简单配置。
- 可以在没有用户的情况下通过 Keycloak 进行身份验证，当接收方受保护时，这对于微服务之间的调用非常重要。
- 可以把 Keycloak 集成到应用 UI 中，以便提供身份验证并且把令牌传给受保护的 RESTful 端点。

第 10 章

构建微服务混合体

本章涵盖：

- 运行 Cayambe 单体
- 使用混合法把微服务集成到 Cayambe 中
- 修改 Cayambe 来集成微服务
- 在混合云中运行集成的 Cayambe

本章首先会展示老的 Cayambe，以及如何在本地运行它。然后，在介绍一些使用混合法集成微服务的理论后，将重新审视想要为新的 Cayambe 实现的架构。接着，使用已经开发的、贯穿于本书的微服务深入实现混合法。最终，将得到充满活力的 Cayambe 单体以及必要的微服务，并且让它们在云中运行。

10.1 Cayambe 单体

图 10.1 提供了用户视角的 Cayambe 主页。

Cayambe(https://sourceforge.net/projects/cayambe/)被描述为一个"使用 Java Servlets、JSP 和 EJB 的 J2EE 电子商务解决方案"。它构建在 JDK1.2 之上并使用 Apache Struts v1。现有的代码更新于 15 年前，可以在 http://cayambe.cvs.sourceforge.net/viewvc/cayambe/中找到。它已经被下载并导入本书的代码仓库的/cayambe 目录下。

我面对的最初挑战是找到兼容版本的 Apache Struts 并做出必要的修改，使其能够在 JDK8 上编译成功。我也解决了一些小的漏洞，确保它的基本 UI 尽可能地正常工作(考虑到我没有参与 Cayambe 的创建，所以只能尽最大可能)。

图 10.1　Cayambe 主页

> **注意**　为编译和运行原始的 Cayambe 而做出的代码修改不在本书的范围之内，但
> 可以在代码的 Git 提交历史中看到所有的修改，参见 http://mng.bz/4MZ5。

图 10.2 展示了 Cayambe 在当前架构下的代码分层的详细视图。从 UI 的 JavaServer Pages(JSP)页面开始，这些页面与 Struts 表单和动作交互。接着，它们与一个代理层交互，这个代理层与被称为后端的 Enterprise JavaBeans(EJB)通信(因为它们不涉及面对用户的代码)。最终，EJB 在数据访问对象(Data Access Object，DAO)上执行调用，它们将数据持久化到数据库。

图 10.2 提供了一个很好的视图，展示了 Cayambe 中的多个分层，以及不同部分之间的交互关系。例如，同时用于管理 WAR 和购物车 WAR 的 Struts 表单和动作使用同样的类别和产品代理类。尽管这在老代码中是很典型的情况，但是你应该使用设计工具——例如第 1 章讨论的 DDD(Domain-Driven Design，领域驱动设计)——从下单的用户中分离出管理的域模型。你很可能希望类别和产品的部分特定数据只适用于站点的管理员，而不适用于尝试下单的用户。

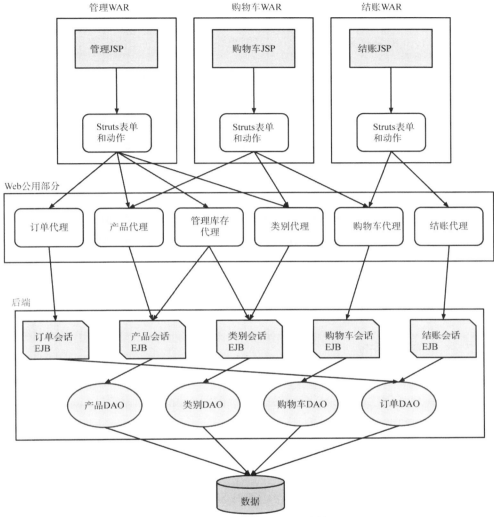

图 10.2 Cayambe 的代码结构

10.2 运行 Cayambe 单体

在本地运行 Cayambe 需要一些先决条件:

- WildFly 11.0.0.Final(可以从 http://mng.bz/uZdC 下载)。
- Java 的 MySQL Connector(可以从 https://dev.mysql.com/downloads/ connector/j/下载)。
- 运行 MySQL 服务器(运行在本地或 Docker 容器中)。

10.2.1　配置数据库

运行 MySQL 服务器后，可以配置数据库并加载数据(如代码清单 10.1 所示)。

代码清单 10.1　创建数据库并加载数据

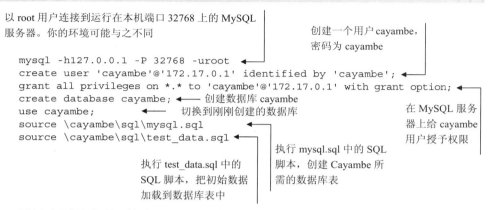

以 root 用户连接到运行在本机端口 32768 上的 MySQL
服务器。你的环境可能与之不同

创建一个用户 cayambe，
密码为 cayambe

```
mysql -h127.0.0.1 -P 32768 -uroot
create user 'cayambe'@'172.17.0.1' identified by 'cayambe';
grant all privileges on *.* to 'cayambe'@'172.17.0.1' with grant option;
create database cayambe;        创建数据库 cayambe
use cayambe;                    切换到刚刚创建的数据库
source \cayambe\sql\mysql.sql
source \cayambe\sql\test_data.sql
```

在 MySQL 服务
器上给 cayambe
用户授予权限

执行 mysql.sql 中的 SQL
脚本，创建 Cayambe 所
需的数据库表

执行 test_data.sql 中的
SQL 脚本，把初始数据
加载到数据库表中

通过上面的步骤，就为 Cayambe 准备好数据库。下一个任务是配置 WildFly，使其能够访问配置好的数据库。

10.2.2　配置 WildFly

下载并解压 WildFly 11.0.0.Final 后，需要进行一些配置以便让 WildFly 知道在哪里找到 MySQL 驱动。为此，在 WildFly 被解压到的位置创建/modules/system/layers/base/com/mysql/main。

在刚刚创建的目录中，复制之前下载的 MySQL 连接器的 JAR 文件。在相同的目录中创建这个文件(如代码清单 10.2 所示)。

代码清单 10.2　单体所用的 MySQL 驱动的 module.xml

```xml
<?xml version="1.0" encoding="UTF-8"?>
<module xmlns="urn:jboss:module:1.3" name="com.mysql">

    <resources>
        <resource-root path="mysql-connector-java-5.1.43-bin.jar"/>
    </resources>
    <dependencies>
        <module name="javax.api"/>
        <module name="javax.transaction.api"/>
    </dependencies>
</module>
```

设置模块名为 com.mysql，
与上面创建的目录名称
匹配

MySQL 连接器的 JAR 文件
路径。你的 JAR 版本可能有
所不同

在 WildFly 中 JDBC 驱动所
需的一些依赖项

上面创建了一个被 WildFly 使用的 JBoss 模块定义。JBoss Modules 是一个开源项目，位于 WildFlay 的类加载器管理的核心，并且隔离了类加载器之间的类，以防止冲突。对于这个示例，你不需要理解 JBoss Modules 的工作原理，只需要知道为把 JDBC 驱动添加到 WildFly 中如何创建新模块。

最终，需要让 WildFly 知道新的数据库驱动，并且定义用来让 Cayambe 与数据库通信的新数据源。所有的 WildFly 配置都位于 standalone.xml 中。你需要在 WildFly 安装目录下的/standalone/configuration/中找到并编辑它。找到数据源子系统的部分，将其替换成代码清单 10.5 所示的内容。

代码清单 10.3　standalone.xml 片段

mysql 是驱动的名称，它的定义
在代码清单的末尾

WildFly 中的 ExampleDS 数据源。不对其进行修改

```
<subsystem xmlns="urn:jboss:domain:datasources:5.0">
  <datasources>
    <datasource jndi-name="java:jboss/datasources/ExampleDS"
      pool-name="ExampleDS" enabled="true" use-java-context="true">
      <connection-url>jdbc:h2:mem:test;DB_CLOSE_DELAY=-
1;DB_CLOSE_ON_EXIT=FALSE</connection-url>
      <driver>h2</driver>
      <security>
        <user-name>sa</user-name>
        <password>sa</password>
      </security>
    </datasource>
    <datasource jta="true" jndi-name="java:/Climb" pool-name="MySqlDS"
enabled="true" use-ccm="true">
      <connection-url>jdbc:mysql://localhost:32768/cayambe</connection-url>
      <driver-class>com.mysql.jdbc.Driver</driver-class>
      <driver>mysql</driver>
      <security>
        <user-name>cayambe</user-name>
        <password>cayambe</password>
      </security>
      <validation>
        <valid-connection-checker
          class-name="org.jboss.jca.adapters.jdbc.extensions.mysql
.MySQLValidConnectionChecker"/>
        <background-validation>true</background-validation>
        <exception-sorter class-
name="org.jboss.jca.adapters.jdbc.extensions.mysql
.MySQLExceptionSorter"/>
      </validation>
    </datasource>
    <drivers>
      <driver name="h2" module="com.h2database.h2">
        <xa-datasource-class>org.h2.jdbcx.JdbcDataSource</
xa-datasource-class>
      </driver>
```

可通过 JNDI 名称 java:/Climb 访问 Cayambe 的 Climb 数据源

数据库的 MySQL 连接 URL。需要根据环境做出修改

MySQL 数据库的安全凭证

ExampleDS 的 h2 驱动

```
    <driver name="mysql" module="com.mysql">
     <xa-datasource-
    class>com.mysql.jdbc.jdbc2.optional.MysqlXADataSource</
⇒ xa-datasource-class>
     </driver>
   </drivers>
  </datasources>
</subsystem>
```

mysql 驱动的定义，它指向前面创建的 com.mysql 模块

这就是让 WildFly 与 Cayambe 一起工作所需的配置。

10.2.3　运行 Cayambe

现在几乎已经准备好运行 Cayambe，但首先需要构建它的 EAR 部署。图 10.3 从部署的角度给出 Cayambe 的样子(它第一次出现在第 2 章)。

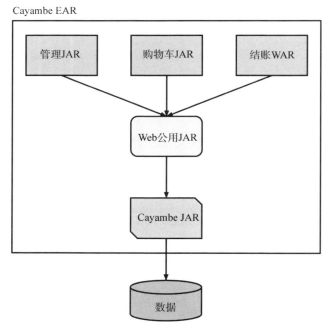

图 10.3　Cayambe 单体的部署

Cayambe 使用 EAR(Enterprise Application aRchive，企业级应用归档)作为打包部署的方法。EAR 允许 Cayambe 包含多个 WAR，以及可以共享的 JAR 库。

注意　尽管 EAR 是打包 Java EE 部署的首选方法，但现在 WAR 部署更常见。这并不是说 EAR 不再被使用(无论是因为做出的选择或遗留代码)，但它的使用没有以前那么普遍。

为构建 Cayambe，需要切换到本书代码的/cayambe 目录并执行下面的命令：

```
mvn clean install
```

Maven 将构建项目代码所在的每一个 JAR 和 WAR，然后将其打包进一个用来部署的 EAR。构建完成后，将/cayambe-ear/target/cayambe.ear 复制到 WildFly 安装目录的/standalone/deployments 中。

现在启动 WildFly(包括上面的部署)，从 WildFly 的安装根目录执行下面的命令：

```
./bin/standalone.sh
```

随着 WildFly 启动，控制台会输出大量的消息，然后 EAR 部署会启动。在消息停止后，WildFly 会准备好接收发送给 Cayambe 的流量，然后会有一条包含如下内容的消息：

```
WFLYSRV0025: WildFly Full 11.0.0.Final (WildFly Core 3.0.8.Final) started in
➡ 6028ms
```

可以访问位于http://localhost:8080 的用户站点或位于http://loalhost:8080/admin 的管理站点。

10.3　Cayambe 混合体

在第 1 章中，你了解了单体的混合模式，即现有的单体能够将现有的功能迁移到微服务的环境中。这个模式允许对单体的这些需要更高扩展性或性能的部分进行有效的隔离，同时不需要为做出改善而构建整个单体。现在回顾一下使用混合模式的单体的样子，参见图 10.4。

注意　本章的例子不会使用位于所有微服务前面的网关。

将单体拆分成多个部分显然是有好处的，同时还能把它们部署到不同的地方。尽管这么做至少在网络调用和性能上增加了开销，但瑕不掩瑜。当这些优点围绕一些关键方面(如持续交付和发布节奏)时尤其如此。

在第 2 章中，开发了一个新的管理 UI，以及用来与数据进行交互的 RESTful 端点。在第 7 章中，引入了一个独立的微服务来处理信用卡支付，以便让它更容易地与外部系统集成。最终，在第 9 章中，给第 2 章创建的管理 UI 添加了安全性。

它们是如何组合在一起的？图 10.5 展示了提议的 Cayambe 混合式单体架构。你将把原始单体的大部分微服务和本书中开发的新微服务结合起来。显然，这个架构有了很大的改变，但仍然有一些工作要做。

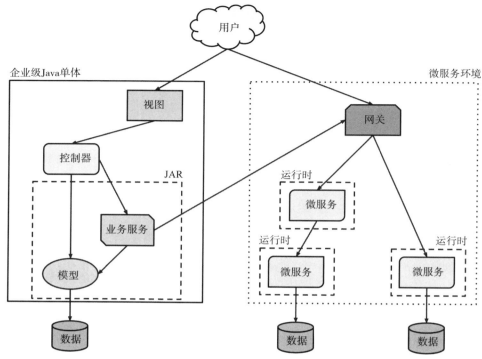

图 10.4   企业级 Java 和微服务的混合式架构

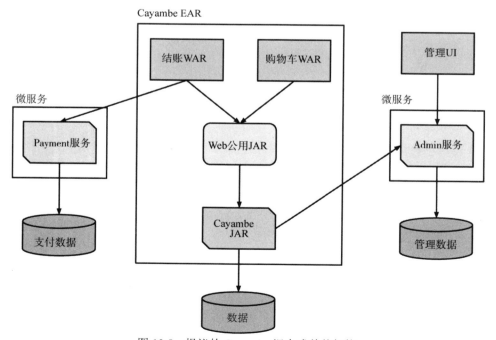

图 10.5   提议的 Cayambe 混合式单体架构

所以图 10.5 中具体做了什么？与 Payment 微服务集成，以便在结账流程中处理信用卡支付，以及让 UI 从 Admin 微服务中获取类别信息，而不是存储在自身之中。除了新微服务，还把用于管理的 UI 替换成新的，所以可以从 Cayambe 移除老的 UI。

现在看一下每个集成的需求。Cayambe 混合式单体和微服务的所有代码都位于本书代码的/chapter10 目录中。

10.3.1　与 Payment 微服务集成

由于集成了 Payment 微服务(特别是因为使用的是外部的支付提供者——在本例中是 Stripe)，因此不再需要存储顾客的信用卡信息。这是一个很大的好处，因为存储信用卡信息相关的规则和限制是很难执行的，而将这一责任转移到专门从事这一领域的公司会更简单。

因为无须存储这些信息，所以将其从 Cayambe 的 billing_info 表中移除。修改/sql/cayambe/mysql.sql，确保移除下面的列：

- name_on_card
- card_type
- card_number
- card_expiration_month
- card_expiration_year
- authorization_code

将这些列替换为单独的列 card_charge_id。在修改数据库中存储的内容时，还需要更新传递这些值的类(如代码清单 10.4 所示)。

代码清单 10.4　OrderDAO

```
public class OrderDAO {
    public void Save(OrderVO orderVO)
    {
    ...

        StringBuffer sqlBillingInfo = new StringBuffer(512);
        sqlBillingInfo.append("insert into billing_info ");
        sqlBillingInfo.append("(order_id,name,address1,address2,city,state,
  zipcode,country,name_on_card,");
        sqlBillingInfo.append("card_charge_id,phone,email) ");
        sqlBillingInfo.append("values ('" );
        sqlBillingInfo.append(orderId);
        sqlBillingInfo.append("','");

    ...

        sqlBillingInfo.append(orderVO.getBillingInfoVO().getCountry());
        sqlBillingInfo.append("','");
```

从 select 语句中移除现有的信用卡相关的列并添加 card_charge_id 列

```
        sqlBillingInfo.append(orderVO.getBillingInfoVO().getCardChargeId());    ◄──
        sqlBillingInfo.append("','");
```

...   移除设置已删除列的值的调用，将其替换为
}   设置新字段的 getCardChargeId() 方法
...

```
    public OrderVO getOrderVO( OrderVO orderVO )
    {
...
            b.setCardChargeId( rs.getString("billing_info.card_charge_id") );    ◄──
...
    }
}
```

移除对旧的信用卡数据列的检索，
将其替换为 card_charge_id

　　此处修改了与数据库直接交互的 OrderDAO，它负责存储和检索订单数据。因为已经修改了 BillingInfoVO 上的方法，所以现在也需要修改它(参见代码清单 10.5)。

代码清单 10.5　BillingInfoVO

```
public class BillingInfoVO implements Serializable {

    private Long billingId = null;
    private Long orderId = null;
    private String name = null;
    private String address = null;
    private String address2 = null;
    private String city = null;
    private String state = null;
    private String zipCode = null;
    private String country = null;
    private String phone = null;
    private String email = null;

    private String cardToken = null;    ◄──
    private String cardChargeId = null;

    ...

    public void setCardToken ( String _cardToken ) { cardToken = _cardToken; }  ◄──
    public String getCardToken () { return cardToken; }

    public void setCardChargeId ( String _cardChargeId ) { cardChargeId =
➡ _cardChargeId; }
    public String getCardChargeId () { return cardChargeId; }
}
```

将 nameOnCard、cardType、cardExpirationMonth、cardExpirationYear 和 authorizationCode 替换为 cardToken 和 cardChargeId。cardToken 被用来传递来自 UI 的令牌(这很快就会看到)

移除前文提到的字段的 getter 和 setter 方法，添加 cardToken 和 cardChargeId 的 getter 和 setter 方法

　　现在已经修改了传递的数据对象，下面添加在 Cayambe 单体中用来调用 Payment 客户端代理的代码。

　　为能够发送和接收 JSON 并将其转换成对象，需要 ChargeStatus、PaymentRequest

和 PaymentResponse。为简单起见，从 Payment 微服务中复制这些文件即可。接下来，需要一个代表 Payment 的接口(如代码清单 10.6 所示)。

代码清单 10.6　PaymentService

```
@Path("/")
public interface PaymentService {
    @POST
    @Path("/sync")
    @Consumes(MediaType.APPLICATION_JSON)
    @Produces(MediaType.APPLICATION_JSON)
    PaymentResponse charge(PaymentRequest paymentRequest);
}
```

使用 Payment 微服务
上的/sync 端点

RESTful 端点将消费和
产生 JSON 数据

调用 Payment
服务的方法会
被代理

这就是定义外部的 Payment 微服务所需的一切。现在看一下如何将其集成到现有的 Struts 代码中。为在保存订单之前能够处理信用卡交易，需要修改/cayambe-hybrid/checkout 中的 SubmitOrderAction(如代码清单 10.7 所示)。

代码清单 10.7　SubmitOrderAction

创建一个 PaymentService 的代理实例

```
public class SubmitOrderAction extends Action
{
  public ActionForward perform( ActionMapping mapping, ActionForm form,
      HttpServletRequest request, HttpServletResponse response )
      throws IOException, ServletException
  {
    ...

    OrderActionForm oaf = (OrderActionForm)form;

    try {
      delegate = new CheckOutDelegate();
      OrderVO orderVO = new OrderVO();
      orderVO = (OrderVO)oaf.toOrderVO();
      orderVO.setCartVO( (CartVO) session.getAttribute("Cart") );

      // Call Payment Service
      ResteasyClient client = new ResteasyClientBuilder().build();
      ResteasyWebTarget target =
        client.target("http://cayambe-payment-service-
myproject.192.168.64.33.nip.io");
      PaymentService paymentService = target.proxy(PaymentService.class);
      PaymentResponse paymentResponse =
paymentService.charge(new PaymentRequest()
                        .amount((long) (orderVO.getCartVO().getTotalCost()
* 100))
                        .cardToken(oaf.getCardToken())
                        .orderId(Math.toIntExact(orderVO.getOrderId())))
      );
```

现有的用来处理订单提交请
求的 Struts Action 类

创建一个在 OpenShift 中调用
Payment 服务的 ResteasyClient

调用 Payment 服务，传入一个 PaymentRequest，它包含订单
金额和来自 Stripe 的 cardToken

```
        orderVO.getBillingInfoVO().setCardChargeId(paymentResponse.getChargeId());  ◄
          delegate.Save ( orderVO );
                                                                                将 Payment 服务返
          CartDelegate cartDelegate = new CartDelegate();                        回的 chargeId 设置
          cartDelegate.Remove( orderVO.getCartVO() );                            到 BillingInfoVO 上

        } catch(Exception e) {
          forwardMapping = CayambeActionMappings.FAILURE;
          errors.add( ActionErrors.GLOBAL_ERROR, new
➡  ActionError("error.cart.UpdateCartError") );
        }

    return mapping.findForward( forwardMapping );
   }
}
```

上面的代码与第 6 章、第 7 章和第 8 章的代码很类似，因为在那些例子中也使用生成 RESTEasy 客户端代理的代码。

在创建 PaymentRequest 实例时，调用 oaf.getCardToken()方法，它包含用于处理 Stripe 请求的信用卡令牌。但是需要更新 OrderActionForm 来提供这一信息。

OrderActionForm 位于/cayambe-hybrid/web-common 中。删除下面的字段以及相关的 getter 和 setter 方法：

- nameOnCard
- cardNumber
- cardType
- cardExpirationMonth
- cardExpirationYear

最后，添加 String 类型的 cardToken 字段以及它的 getter 和 setter 方法。

下面修改结账页面，在调用 Stripe 获取代表信用卡的 cardToken 之前，捕获信用卡详情。为此，需要更新/cayambe-hybrid/checkout 中的 CheckOutForm.jsp(如代码清单 10.8 所示)。

代码清单 10.8   CheckOutForm.jsp

创建一个 Stripe JavaScript 实例，
传入发布者密钥

初始化来自 Stripe 的
预构建 UI 组件

```
...
<script src="https://js.stripe.com/v3/"></script>
<script type="text/javascript">
  var stripe = Stripe({STRIPE_PUBLISH_KEY});  ◄
  var elements = stripe.elements();  ◄
...
  var card = elements.create('card', {style: style});

  function stripeTokenHandler(token) {
    // Insert the token ID into the form so it gets submitted to the server
```

把 Stripe 返回的令牌 ID 设置到 cardToken 元素上

```
    var cardToken = document.getElementById('cardToken');
    cardToken.value = token.id;         ◄

    // Submit the form
    document.getElementById('orderForm').submit();   ◄─── 获取 orderForm 并提交
  };

document.body.onload = function() {      当文档加载后，把 Stripe 的信用卡元
    card.mount('#card-element');     ◄   素挂载到 div 元素 card-element 上

    card.addEventListener('change', function(event) {   ◄
      var displayError = document.getElementById('card-errors');
      if (event.error) {
        displayError.textContent = event.error.message;   在 UI 组件上添加事件监
      } else {                                            听器来处理 Stripe 错误
        displayError.textContent = '';
}
    });                              给 orderForm 的 submit 事件添加
                                     监听器
    var form = document.getElementById('orderForm');     ◄   submit 事件监听
    form.addEventListener('submit', function(event) {        器让 Stripe 使用
      event.preventDefault();                                UI 中的信用卡元
                                                             素来创建令牌
      stripe.createToken(card).then(function(result) {   ◄
        if (result.error) {
          // Inform the user if there was an error.
          var errorElement = document.getElementById('card-errors');
          errorElement.textContent = result.error.message;
        } else {
          stripeTokenHandler(result.token);   ◄   如果 Stripe 返回成功，调用
        }                                         stripeTokenHandler 函数
      });
    });
  };
</script>

<form:form name="OrderForm" styleId="orderForm"
➡  type="org.cayambe.web.form.OrderActionForm"
   action="SubmitOrder.do" scope="request">
...
 <tr>
    <th align="right">
      <label for="card-element">
        Enter card details
      </label>
    </th>                                 div 元素，用来存放 Stripe 创建的
    <td align="left">                     信用卡元素
      <div id="card-element">   ◄
        <!-- A Stripe Element will be inserted here. -->
      </div>

      <!-- Used to display form errors. -->
```

```
        <div id="card-errors" role="alert"></div>
        <form:hidden property="cardToken" styleId="cardToken"/>
      </td>
    </tr>
...
</form:form>
```

添加一个隐藏表单字段，以便给
OrderActionForm 传递信用卡令牌

> **注意** 有关将 Stripe 的 UI 元素集成到网站的完整细节可以在 https://stripe.com/
> docs/stripe-js 上找到。

除把捕获信用卡的部分添加到表单中外，还要移除原有的捕获信用卡信息的每个部分的字段。

为让前面的 CheckOutForm.jsp 能够工作，还需要修改 /cayambe-hybrid/checkout 中的 struts-forms.tld，给 form 和 hidden 标签添加 styleId 属性。这允许你设置一个名称，将其添加到生成的 HTML 元素的 id 属性上。

这就是集成 Payment 微服务时需要的所有修改。接下来是集成 Admin 微服务。

10.3.2　集成 Admin 微服务

为集成 Admin 微服务，需要做一些与 Payment 类似的事情——至少要提供必要的类为 Admin 服务发送和接收对象，并生成一个代表 Admin 微服务的接口的代理。

除了能够调用 Admin 微服务，还需要把获取类别的部分集成到当前使用类别的 Cayambe 单体中。在查看类别在 Cayambe 中是如何定义后，会注意到类别是一个单独的数据库表，并且 category/parent 关系位于另一个独立的表中。

还会看到类别是从 Cayambe 单体的各个层中调用的，Category EJB 提供了许多方式来与拆分到很多 Java 类中的类别进行交互。这种情况对 Admin 微服务的顺利集成不是好兆头，至少不是与 Payment 相同的集成方式。

由于集成需要修改大量代码，几乎涉及整个代码栈，因此这样的改进虽然有益，但也有很大风险。在想要变得敏捷的过程中，你不希望因为要处理大量问题而花费数周或数月时间来集成 Admin 微服务。它们可能是集成实际代码的问题，也可能是花费大量时间来测试 Cayambe 中的新变更——以及用于确保变更不会对其他部分产生连锁反应的回归测试。这是不幸的，但有时为了生产代码的稳定性，需要做出这样艰难的决定。

所以，我是不是费了很大的工夫却为 Admin 微服务编写了新的并不会被使用的 UI 和服务？绝对不是。在第 11 章中，将通过事件流最小化你的风险，允许你保留 Cayambe 单体中现有的代码，但也能利用新的管理 UI 和微服务。

10.3.3　新的管理 UI

你已经看到新的管理 UI 以及相关联的微服务，但 Cayambe 单体中已经有一个管理部分。移除/cayambe-hybrid/admin 中的内容，因为不再需要原有的管理 UI。下一步移除对 Admin.war(位于/cayambe-hybrid/cayambe-ear 中)的所有引用，因为这个 WAR 不再是 EAR 的依赖，不需要被打包进 EAR 中。

10.3.4　Cayambe 混合体小结

图 10.6 展示了 Cayambe 混合体的全景图以及还没有开发的剩余部分。剩余部分将在第 11 章中添加。

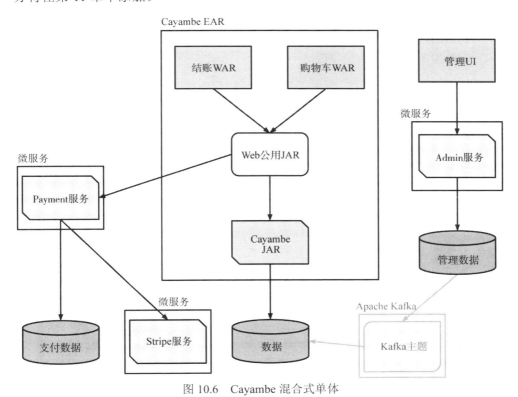

图 10.6　Cayambe 混合式单体

10.4　部署到混合云中

因为已经把 Cayambe 单体转换成混合体，所以部署变得更复杂，而且目前所有工作都是手动进行的。在真实的环境中，你会希望部署是自动化的，以便让这个过程更简单。

本节将涵盖搭建、配置、部署并运行 Cayambe 混合体的所有内容。首先需要运行 Minishift，它应该在干净的 OpenShift 环境中启动，以便移除任何可能存在的服务。你将需要本地 OpenShift 中的所有空间，因此删除任何现有的 Minishift VM(虚拟机)并且从头开始。

```
> minishift delete
> minishift start --cpus 3 --memory 4GB
```

与前面执行 Minishift 时的主要区别是，这里指定 3 个虚拟 CPU 和 4GB 的内容。为确保有安装本章和下一章所需的服务的容量，这么做是有必要的。

10.4.1   数据库

我们创建一个 MySQL 数据库来存储数据。运行 minishift console 并登录到 OpenShift 控制台中。

打开默认的 My Project。单击页面顶部的 Add to Project 菜单项，选择 Browse Catalog 选项。这里提供 OpenShift 能够安装的所有类型的预构建镜像，如图 10.7 所示。

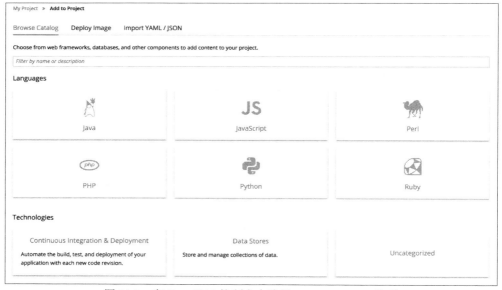

图 10.7   在 OpenShift 控制台中选择 Browse Catalog 选项

单击最底行的 Data Stores 框，会看到可用的不同数据存储。在打开的 Data Stores 页面(参见图 10.8)上，单击 MySQL(Persistent)框中的 Select 按钮。

此时呈现的页面包含 MySQL 的配置，大部分都可以保持默认。唯一需要修改的是 MySQL Connection Username、MySQL Connection Password 和 MySQL Root

User Password。为这些字段输入值，记下这些信息，然后单击 Create 按钮。

警告　不要使用 cayambe 作为 MySQL Connection Username，因为它会与接下来
　　　要创建的用户名冲突。

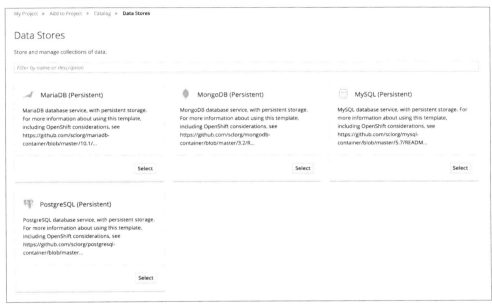

图 10.8　OpenShift 控制台——数据存储

等待一两分钟后，MySQL 服务会在 OpenShift 中可用。为能够创建 Cayambe
所需的数据库、表和数据，需要远程访问 MySQL 服务。打开一个终端窗口，使
用 oc login 登录到 OpenShift CLI，然后运行 oc get pods。该命令返回一个类似下
面的清单：

```
NAME                    READY       STATUS          RESTARTS        AGE
mysql-1-xq98q           1/1         Running         0               2m
```

需要复制 MySQL pod 的名称(这里是 mysql-1-xq98q)来连接它。

```
oc rsh mysql-1-xq98q
```

在 pod 中，可以运行下面的命令来打开命令提示符，进入 MySQL 实例。

```
mysql -u root -p$MYSQL_ROOT_PASSWORD -h $HOSTNAME
```

在 MySQL pod 中，$MYSQL_ROOT_PASSWORD 和$HOSTNAME 被定义为
环境变量，所以在连接 MySQL 实例时不需要记住它们。现在已经在 MySQL 中，
接下来让我们创建需要的数据。

1. Admin 微服务数据

下面的命令创建了 cayambe-admin 用户，把 cayambe_admin 数据库的所有权限授予这个用户，然后创建数据库，最终切换到这个数据库。

```
create user 'cayambe-admin' identified by 'cayambe-admin';
grant all privileges on cayambe_admin.* to 'cayambe-admin' with grant option;
create database cayambe_admin;
use cayambe_admin;
```

在 cayambe_admin 数据库的上下文中，现在执行一些 SQL 来创建表并填充初始数据。

打开/chapter10/sql/admin/mysql.sql，将其内容粘贴到已登录 MySQL 的终端窗口。你应该会看到 SQL 语句闪过，如果一切正常，就不会出错。此时已创建好数据库表，可以使用/chapter10/sq1/admin/data.sql 以相同方式加载数据。

2. Payment 微服务数据

现在为 cayambe-payment 用户和 cayambe_payment 数据库运行类似的命令：

```
create user 'cayambe-payment' identified by 'cayambe-payment';
grant all privileges on cayambe_payment.* to 'cayambe-payment' with grant
➥ option;
create database cayambe_payment;
use cayambe_payment;
```

打开/chapter10/sql/payment-service/mysql.sql，将其内容粘贴到登录 MySQL 的终端窗口。这会创建所需的两个表，并且为 JPA 所需的 ID 序列生成器设置初始值。

3. Cayambe 单体数据

最后，为 cayambe 用户和数据库运行类似的命令。

```
create user 'cayambe' identified by 'cayambe';
grant all privileges on cayambe.* to 'cayambe' with grant option;
create database cayambe;
use cayambe;
```

打开/chapter10/sql/cayambe/mysql.sql，将其内容粘贴到终端窗口中，它会为 Cayambe 单体创建所有的表。然后复制/chapter10/sql/cayambe/test_data.sql 中的内容来加载初始的测试数据。

10.4.2　安全性

第 9 章中已经有 Keycloak 服务器，所以可以复用它。

```
/chapter9/keycloak> java -Dswarm.http.port=9090 -jar keycloak-2018.1.0-
➥ swarm.jar
```

打开 http://localhost:9090/auth/并登录到管理控制台中。从左边的导航菜单中选择 Clients 选项。从可用的客户端列表中，单击 cayambe-admin-ui 打开它的详情。我们只需要更新用来指定新的管理 UI 运行地址的 3 个 URL 即可，将端口从 8080 改为 8090。

10.4.3 微服务

现在是时候把微服务部署到 OpenShift 中。

1. Admin 微服务

因为 Admin 微服务来自前面的章节，所以只需要部署它即可。

```
/chapter10/admin> mvn clean fabric8:deploy -Popenshift
```

部署完毕后，就可以在 OpenShift 控制台中看到它。

2. Stripe 微服务

与 Admin 类似，无须修改 Stripe 代码，只需要部署即可。

```
/chapter10/stripe> mvn clean fabric8:deploy -Popenshift
```

3. Payment 微服务

下面需要部署 Payment，方式与前面一样。

```
/chapter10/payment-service> mvn clean fabric8:deploy -Popenshift
```

10.4.4 Cayambe 混合体

现在已经准备好为 Cayambe 混合体设置一个 WildFly 应用。复用本章前面下载的 WildFly 11 和 MySQL Connector，将它们解压到新目录中。

解压之后，创建与/wildfly-11.0.0.Final/modules/system/layers/base/com/mysql/main 匹配的目录结构。在这个目录中，复制 MySQL Connector 的 JAR 文件，使用代码清单 10.9 所示的内容创建一个 module.xml 文件。

代码清单 10.9 用于混合体的 MySQL 驱动的 module.xml

```xml
<?xml version="1.0" encoding="UTF-8"?>
<module xmlns="urn:jboss:module:1.3" name="com.mysql">

  <resources>
    <resource-root path="mysql-connector-java-5.1.43-bin.jar"/>    ←
  </resources>
  <dependencies>                          这里的版本需要与复制到目录中的
    <module name="javax.api"/>            文件的版本一致
    <module name="javax.transaction.api"/>
  </dependencies>
</module>
```

接下来需要给 WildFly 提供用来配置 Cayambe 的数据源所需的信息。打开
/wildfly-11.0.0.Final/standalone/configuration/standalone.xml，把当前数据源的子系
统配置替换为代码清单 10.10 所示的内容。

代码清单 10.10 standalone.xml

```xml
<subsystem xmlns="urn:jboss:domain:datasources:5.0">
  <datasources>
    <datasource jndi-name="java:jboss/datasources/ExampleDS" pool-
 name="ExampleDS"
      enabled="true" use-java-context="true">
    <connection-url>jdbc:h2:mem:test;DB_CLOSE_DELAY=-
 1;DB_CLOSE_ON_EXIT=FALSE</connection-url>
    <driver>h2</driver>
    <security>
      <user-name>sa</user-name>
      <password>sa</password>
      </security>
  </datasource>
  <datasource jta="true" jndi-name="java:/Climb" pool-name="MySqlDS"
 enabled="true" use-ccm="true">
      <connection-url>jdbc:mysql://localhost:53652/cayambe</connection-url>
      <driver-class>com.mysql.jdbc.Driver</driver-class>
      <driver>mysql</driver>
      <security>
        <user-name>cayambe</user-name>
        <password>cayambe</password>
      </security>
      <validation>
        <valid-connection-checker
          class-name="org.jboss.jca.adapters.jdbc.extensions.mysql
 .MySQLValidConnectionChecker"/>
        <background-validation>true</background-validation>
        <exception-sorter class-
      name="org.jboss.jca.adapters.jdbc.extensions.mysql
 .MySQLExceptionSorter"/>
      </validation>
  </datasource>
  <drivers>
    <driver name="h2" module="com.h2database.h2">
      <xa-datasource-class>org.h2.jdbcx.JdbcDataSource</
 xa-datasource-class>
    </driver>
    <driver name="mysql" module="com.mysql">
      <xa-datasource-
      class>com.mysql.jdbc.jdbc2.optional.MysqlXADataSource</xa-datasource-
 class>
    </driver>
  </drivers>
  </datasources>
</subsystem>
```

代码清单 10.10 实际上与代码清单 10.3 相同，唯一的区别是：Cayambe 的

MySQL 实例的端口是 53652。由于这不是一个标准的 MySQL 端口号，因此你可能会问这个端口来自哪里。我们将通过转发 OpenShift 中的 mysql 服务端口来定义，以便访问它。

```
oc port-forward {mysql-pod-name} 53652:3306
```

注意　如果现有的转发端口被关闭或重启了机器，则必须在 WildFly 能够找到数据库之前重新运行这条命令。

10.4.5　Cayambe EAR

设置 WildFly 后，就可以把修改后的 Cayambe 混合体 EAR 部署到其中。首先需要构建它。

```
/chapter10/cayambe-hybrid> mvn clean install
```

构建之后，将/cayambe-hybrid/cayambe-ear/target/cayambe.ear 复制到/wildfly-11.0.0.Final/standalone/deployments 之中。现在启动 WildFly。

```
/wildfly-11.0.0.Final/bin/standalone.sh
```

启动 WildFly 后，可以打开 http://localhost:8080 来尝试使用 Cayambe UI。

10.4.6　管理 UI

因为前面已经运行 Admin 微服务，所以最后一部分是运行新的管理 UI。

这里的代码与第 9 章的代码在很大程度上是一样的，只有两处小的修改。把运行 UI 的端口调整为 8090，以免它与主 UI 的端口冲突；同时，修改 chapter10/admin-ui/app/actions/category-actions.js 中的 ROOT_URL，使其与 OpenShift 控制台中的 cayambe-admin-service 的 URL 相同。

注意　请确保移除 URL 尾部的斜杠。

现在启动管理 UI。

```
/chapter10/admin-ui> mvn clean package
/chapter10/admin-ui> npm start
```

10.5　本章小结

- 与在之前进行的任何修改一样，本章通过设置和运行 Cayambe 单体来展示代码。

- 本章把本书中开发的微服务与 Cayambe 进行集成，对 Cayambe 进行必要的修改，以便使集成成为可能。
- 尽管你想集成一个微服务(在本章中是 Admin 微服务)，但有时这么做会带来太大风险，所以需要考虑其他选项。
- 本章部署了少量的微服务和 Cayambe 混合体，并且让它们一起运行。

第 *11* 章

使用**Apache Kafka**

本章涵盖:
- 使用 Apache Kafka 理解数据流
- 使用数据流简化架构
- 将数据流整合到 Cayambe 混合体中

第 10 章中组装了 Cayambe 混合体,将精简的单体与新微服务相结合。本章将通过使用数据流的方式,在 Cayambe 混合体中简化对管理数据的访问。

首先,了解数据流以及它给开发者和架构师带来的好处。通过学习这些知识,你将为前一章中的 Cayambe 混合体开发出一套数据流解决方案,完成从单体到混合体的旅程。

11.1 Apache Kafka 能做什么

下面将使用 Apache Kafka 记录和处理数据流。在深入研究这个方案之前,需要了解一些数据流相关的背景知识。否则,对企业级 Java 开发者来说,Apache Kafka 的用途以及工作原理都是陌生的。

11.1.1 数据流

数据流不只是指在所有设备上播放 Netflix 电影的方式。它还指来自潜在的数千个源头的持续不断的数据流;每一部分数据或记录都很小,并且按照接收的顺序存储。这个定义听起来像一种流行语,但数据流仍然是相对较新的词语,使用数据流的新方式也一直被构想。

什么类型的数据适用于数据流？简而言之，几乎任何类型的数据在数据流的上下文中都是有用的。常见的例子包括来自车辆传感器的测量结果、来自股票市场的实时股价以及来自社交网络和站点的热点话题。

一个常见的数据流的用例是，当拥有大量数据或记录时，通常希望分析它们的模式或趋势。很可能大量的数据可完全忽略，只有关键的数据片段是相关的。相同的一组数据记录也可能有不同的用途，这取决于哪个系统使用它。例如，对于抓取页面访问的事件流的电子商务网站，不仅可以使用同样的数据来记录用户在购买商品之前访问的页面数量，还可以分析每个页面的用户访问量。这是数据流的美妙之处：使用同一组数据解决不同的问题。

图 11.1 说明如何以流形式接收数据。

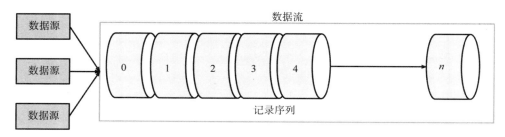

图 11.1　数据流管道

特定类型的数据可能从多个数据源接收，负责记录数据流的系统按照数据接收的顺序添加到流或管道的末尾。在数据流中没有在特定点插入特定记录这一概念。数据一旦被收到，都被添加到末尾。

尽管有多种方式来记录和处理数据流，但本章将重点关注 Apache Kafka。

11.1.2　Apache Kafka

Apache Kafka(https://kafka.apache.org/)最初由 LinkedIn 于 2010 年开发，是其中央数据管道的核心。目前，这个管道每天处理超过 2 万亿条消息。2011 年初，Apache Kafka 被提议为 Apache 的一个开源项目，它于 2012 年底走出孵化阶段。在几年时间里，许多企业使用 Apache Kafka，包括 Apple、eBay、Netflix、Spotify 和 Uber。

什么是 Apache Kafka？它是一个分布式流处理平台。这里提到的分布式指的是什么呢？Apache Kafka 可以通过多个服务器组成的集群对单个数据流的数据进行分区。此外，每个分区都被跨服务器地复制，以实现对该数据的容错性。

在分布方式和容错性方面，有很多配置 Apache Kafka 的方法，但这些主题超出本章的范围。需要了解有关完整的内容，可以访问 https://kafka.apache.org/

documentation/。

作为流式处理平台，Apache Kafka 提供的关键功能如下所示。

● 发布和订阅记录流。

● 以容错、持久的方式存储记录流。

● 在记录发生的时候就处理记录流。

Apache Kafka 的核心是一个分布式提交日志：只有在提交日志后，它才会通知数据源数据已经记录在流中。正如之前提到的那样，分布式是指日志或数据流在每个分区进行提交和复制。

描述 Apache Kafka 的另一种方式是把它作为一个没有穿衣服的数据库：数据在最前面，而且是毫无隐藏的。数据库的核心是使用提交日志，Apache Kafka 也是按照这样做的。它利用日志来跟踪变化以及从服务器故障中进行恢复，以便重建数据库。对于 Apache Kafka 来说，它剥离了数据库的服装(表、索引等)，只留下提交日志。这使得 Apache Kafka 比普通数据库更易消费，访问性更高。

Apache Kafka 也使用企业级 Java 开发者熟悉的语义，并且与消息系统集成。生产者生成添加到流中的记录或事件，相当于图 11.1 中的多个数据源。每个记录流称为主题，从流中读取记录的任何东西都称为消费者。图 11.2 显示生产者和消费者与 Apache Kafka 的集成方式。

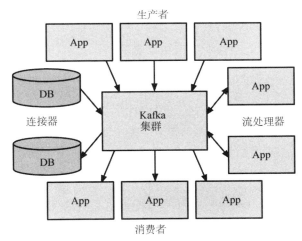

图 11.2　与 Apache Kafka 进行集成(来自 https://kafka.apache.org/intro.html)

另外，连接器使数据库或其他系统成为给 Apache Kafka 发送记录的源。最后，数据流处理器能够把一个或多个主题的记录变成流，对数据执行某种类型的转换，然后将其输出到一个或多个不同的主题。

1. 什么是记录

现在你已经了解构成 Apache Kafka 的一些部分，下面定义一下记录的含义。

流中的每条记录都包含键、值和时间戳。键和值的意义是直截了当的，但为什么需要时间戳呢？时间戳对 Apache Kafka 知道何时收到记录至关重要(当介绍分区时，这将变得更加重要)。

在继续介绍之前，还需要了解有关记录的其他概念。每条记录在数据流中都是不可变的：在添加记录后，无法在数据流中对其进行编辑、修改或删除。能做的就是为相同的键提供更新的记录，以便设置为不同的值。

图 11.3 扩展了图 11.1 中的流，展现实时股价流的一些可能的记录。在图 11.3 中，可以看到键 RHT 的记录不是单个的。它目前有三个记录且有不同的值。这是数据流的不变性。如果流是可变的，那么就可能存在键 RHT 的单个记录，该记录被不断地更新为新值。

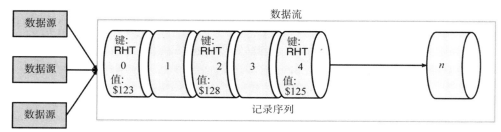

图 11.3　不可变的数据流

不可变数据流的一大优势是有了同一个键的变化历史。当然在某些情况下，你可能只关心某个东西的当前值。但更常见的是，了解历史并能够确定随时间发生的变化很重要。

记录也是持久化的：日志保留在文件系统上，这允许在将来的任何时候处理记录。话虽如此，对于记录保留的时长还是存在限制的。对于特定的主题，只要它的保留策略允许，每条记录都会保留。如果磁盘空间不是问题，可以定义一个主题来无限期地保留记录，或者可以在几天后清除它，无论它是否被任何东西消费。

2. 主题的工作方式

Kafka 中的主题与可发布和消费的记录的类别或类型相关。例如，可以将一个主题用于实时股价，另一个独立的主题用于车辆传感器的测量。

每个主题划分为一个或多个分区，并且跨 Kafka 集群中的一个或多个服务器。分区是单个的逻辑数据流或主题，例如在图 11.1 和图 11.3 中所示，它们被分成多个物理数据流。

图 11.4 展示了一个分区。对主题进行分区可以增加特定主题的并行读写能力。该图展现一个分为三个分区的主题。每个分区表示一个有序且不可变的不断追加的记录序列，它们在数据流中创建变更事件的结构化日志。分区中的每个记录都被分配一个称为偏移量的序列 ID。偏移量唯一标识特定分区中的记录。

图 11.4　主题分区(来自 https://kafka.apache.org/intro.html)

关于 Kafka 记录，开发者需要特别注意的一个关键点是与记录关联的键的定义。如果键在业务上下文中并不是真正唯一的，将会存在键和时间戳的组合发生重叠的危险——特别是为了确保一个键的所有记录按顺序存储在单个分区上，Kafka 保证相同键的所有记录放置在同一分区上。

图 11.5 展示了生产者和消费者与一个主题分区交互的方式。

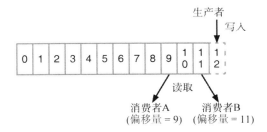

图 11.5　主题的生产者和消费者(来自 https://kafka.apache.arg/intro.html)

如前文所述，生产者总是将新记录写到分区的末尾。消费者通常按顺序处理记录，但能够指定开始处理的偏移量。举例来说，在图 11.5 中，消费者 B 可能从偏移量 0 开始读取并处理到偏移量 11。消费者 A 在偏移量 9 处，但可能仅从该处而不是从偏移量 0 开始读取记录。

图 11.5 介绍了一些值得详细阐述的消费者相关的概念，因此你很熟悉它们能做些什么。

- 消费者可以从任何偏移量开始读取主题，包括偏移量为 0，也就是从一开始就读取。
- 通过在读取记录时指定消费者组，可以对消费者实现负载均衡。
- 消费者组是多个消费者的逻辑分组，确保每个记录仅由同一个消费者组中的单个消费者读取。

11.2   用数据流简化单体架构

图 11.6 简要回顾了到目前为止与 Cayambe 混合体集成所做的开发工作。灰色的部分将在本章中完成，并通过一个 Apache Kafka 主题链接 Admin 和 Cayambe 数据库，以移除用 Cayambe 数据库直接管理类别的需要。这样可以简单地将数据从一个数据库提供给另一个数据库。

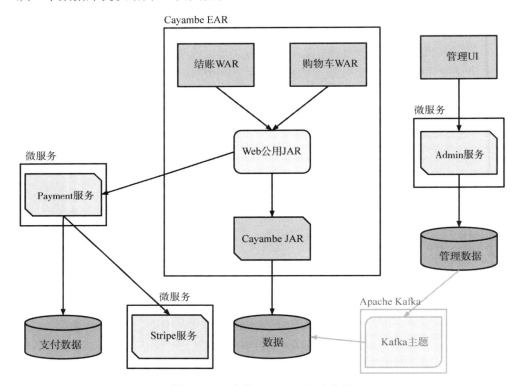

图 11.6   现在的 Cayambe 混合单体

如果不使用图 11.6 中的数据流，那么需要一些替代品。

● 修改 Cayambe JAR 以便从 Admin 数据库中检索记录。除了让不同的服务与同一个数据库进行交互这样糟糕的数据设计外，你在第 10 章中已经发现，进行这样的改变需要大量的代码更改。

● 开发定时任务以便从 Admin 数据库中抽取所有记录，然后清除并将这些记录插入 Cayambe 数据库。这更容易实现，但确实会导致一些时段里的数据不同步，以及 Cayambe 中的数据在运行定时任务时不可用的情况。根据数据变化的频率，这可能是一个可接受的解决方案，但任何计划的停机时间都不是理想的事情。

- 修改 Admin 微服务以便更新 Cayambe 数据库中的记录。尽管这比第一个选项更容易实现，但是这个解决方案很容易出现问题，并且很难知道两个更新是否都成功。这将要求 Admin 微服务对于成功或失败的任务更智能，以及知道如何在其中一个数据库调用中适当地处理失败以回滚另一个数据库调用。

为正确地支持图 11.6 中的模型，你希望能够将数据库更改事件转换为 Kafka 中的记录以供处理。这样的解决方案对 Admin 微服务的影响最小，同时仍然可以使用它的数据。你需要的是用 Kafka 的连接器实现这一点。

是否有任何可用的工具可以实现这一目标？答案是肯定的。Debezium 是一个开源项目，用于将数据库中的变更以流的方式传输到 Kafka。

注意　Debezium 是一个用于捕获变更数据的分布式平台。可以启动 Debezium，将其指向数据库，它对完全独立的应用中针对数据库的每一次插入、更新或删除动作做出响应。Debezium 允许使用数据库行级更改，而不会直接对当前执行这些数据库更新的应用产生任何影响或改变。Debezium 的一个巨大好处是，任何消费数据库变更的应用或服务都可以在不丢失任何数据库变更的情况下进行停机维护。Debezium 仍会将这些变更记录到 Kafka 中，当服务再次可用时可以随时使用。有关 Debezium 的详细信息请访问 http://debezium.io/。

为更好地理解 Apache Kafka、数据流以及如何将它们集成到微服务中，本章不会为 Cayambe 混合体实现 Debezium。我会将它作为额外的练习。

对于 Cayambe 混合体，你将直接在 Apache Kafka 中生成事件，然后在另一侧使用它们。图 11.7 显示了要对架构进行的更改，以便更详细地展示 Apache Kafka 的工作方式。

向 Admin 微服务添加代码，以便生成发送到 Apache Kafka 主题的事件。然后有一个 Kafka 微服务使用这些事件并根据这些更改更新 Cayambe 数据库。

你仍然使用数据流将需要的数据从一个地方移动到另一个地方，虽然在实际生产环境中不使用 Debezium 会导致效率有些低，但这样做的好处是有助于理解正在发生的事情。

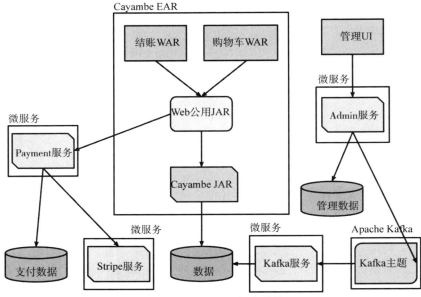

图 11.7　Cayambe 混合单体

11.3　部署并使用 Kafka 来实现数据流

在考虑实现微服务与 Kafka 的集成之前，首先在 OpenShift 上启动并运行 Kafka。如果还没有运行 Minishift，那现在就开始(就像在第 10 章中所做的那样)。

```
> minishift start --cpus 3 --memory 4GB
```

11.3.1　Openshift 中的 Kafka

Minishift 运行之后，启动 OpenShift 控制台并登录。在现有项目中，单击 Add to Project 选项，然后单击 Import YAML/JSON 选项。

将/chapter11/resources/Kafka_OpenShift.yml 的内容粘贴到文本框中，代码清单 11.1 是它的部分片段。

代码清单 11.1　Kafka 的OpenShift 模板

```
apiVersion: v1
kind: Template              strimzi 是应用的名称，会出现在
metadata:                   OpenShift 中
  name: strimzi
  annotations:
    openshift.io/display-name: "Apache Kafka (Persistent storage)"
    description: >-
      This template installs Apache Zookeeper and Apache Kafka clusters. For
      more information
```

```
            see https://github.com/strimzi/strimzi
      tags: "messaging,datastore"
      iconClass: "fa pficon-topology"
      template.openshift.io/documentation-url:
          "https://github.com/strimzi/strimzi"
message: "Use 'kafka:9092' as bootstrap server in your application"
...
objects:
- apiVersion: v1
    kind: Service
    metadata:
        name: kafka                    ←──── 定义 kafka 服务
    spec:
        ports:
        - name: kafka
            port: 9092                 ←──── kafka 服务在端口 9082 上可用
            targetPort: 9092
            protocol: TCP
        selector:
            name: kafka
        type: ClusterIP
...
- apiVersion: v1
    kind: Service
    metadata:
        name: zookeeper                ←──── 定义 zookeeper 服务
    spec:
    ports:
    - name: clientport
        port: 2181                     ←──── zookeeper 服务在端口 2181 上可用
        targetPort: 2181
        protocol: TCP
    selector:
        name: zookeeper
    type: ClusterIP
...
```

ZooKeeper 是用来干什么的？我们以前没有提到过它。ZooKeeper 其实是一个实现上的细节，因为它在 Kafka 的内部用作分布式键/值存储。你不会与之交互。在这里看到它是因为你正在扮演运维人员来配置 Kafka。

/chapter11/resources/Kafka_OpenShift.yml 最初是从 http://mng.bz/RqUn 中复制的，但被修改为只有一个 Kafka 代理而不是三个。因此，它不支持主题复制，但你的 OpenShift 实例只需要较少的资源来运行 Kafka。

将修改后的文件内容粘贴到弹出窗口后，单击 Create 按钮，然后单击 Continue 按钮以查看可以指定不同默认值的表单。现在保持原样，然后单击页面底部的 Create 按钮。OpenShift 现在将配置一个带有单个代理的 Kafka 集群，你可以从主控制台页面的 strimzi 应用下看到该集群。

警告　可能需要一些时间来下载必要的 Docker 镜像，然后启动容器。如果 ZooKeeper 尚未运行，请不要担心 Kafka 集群最初是否能运行起来。等待一段时间，它将重新启动，一切都将按预期的那样运行。

启动所有模块后，打开终端窗口并登录 OpenShift 客户端(如果尚未登录)。检索所有的 OpenShift 服务，以便查找 ZooKeeper 的 URL。

```
> oc get services
NAME                 CLUSTER-IP       EXTERNAL-IP     PORT(S)     AGE
kafka                172.30.225.60    <none>          9092/TCP    5h
kafka-headless       None             <none>          9092/TCP    5h
zookeeper            172.30.93.118    <none>          2181/TCP    5h
zookeeper-headless   None             <none>          2181/TCP    5h
```

从列表中可以看到 ZooKeeper URL 为 172.30.93.118。返回 OpenShift 控制台，从菜单选项中选择 Applications，然后选择 Pods。这提供了 OpenShift 中正在运行的 pod 的列表。如果使用单个代理，应该只有一个 kafka-* pod。单击该 pod，然后选择 Terminal 选项卡，应该看到类似于图 11.8 的内容。

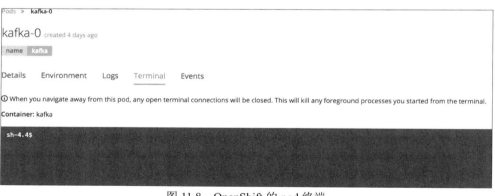

图 11.8　OpenShift 的 pod 终端

要使用 Kafka，需要为记录创建主题。在 Terminal 选项卡中执行此操作。

```
./bin/kafka-topics.sh --create --topic category_topic --replication-factor
➥ 1 --partitions 1 --zookeeper 172.30.93.118:2181
```

这里使用 Kafka 脚本创建名为 category_topic 的主题，该主题仅包含单个分区和单个复制。只指定一个复制和分区，因为集群中只有一个代理。例如，如果集群中有三个代理，则可以使用三个分区，复制因子为 2。

11.3.2　Admin 微服务

既然 Kafka 已经运行并且创建了主题，那么是时候修改 Admin 微服务，以便生成主题事件。

为协助集成企业级 Java 代码和 Kafka，接下来将使用一个库将 Kafka 的 pull 方法转换为 push 方法。这个库仍处于初始阶段，但易于使用，因为它删除了直接使用 Kafka API 时所需的大量样板代码。它被编写为 CDI 扩展并且可以作为 Maven 工件使用。该代码可在 https://github.com/aerogear/kafka-cdi 中获取。

将 Kafka 的 pull 方法转变为 push 方法有什么好处? 对于我们这些熟悉企业级 Java 开发的人来说，这是有益的。在 CDI 编程模型中，我们能够在收到事件时监听事件并执行动作。这就是 Kafka 库为我们带来的能力，即监听每一次新记录写入主题时的事件(就像它是 CDI 事件监听器一样)。

你需要做的第一件事就是更新 Admin 微服务的 pom.xml 文件，以便使用新依赖项。

```
<dependency>
   <groupId>org.aerogear.kafka</groupId>
   <artifactId>kafka-cdi-extension</artifactId>
   <version>0.0.10</version>
</dependency>
```

接下来，需要修改 CategoryResource 来连接 Kafka 主题，同时生成将追加到主题上的记录(如代码清单 11.2 所示)。

代码清单 11.2　CategoryResource

指定要连接的 Kafka 服务器。由于微服务和 Kafka 部署在同一个 OpenShift 命名空间下，因此可以使用环境变量来指定主机和端口

```
@Path("/")
@ApplicationScoped
@KafkaConfig(bootstrapServers =
   "#{KAFKA_SERVICE_HOST}:#{KAFKA_SERVICE_PORT}")
public class CategoryResource {
...
   @Producer
   private SimpleKafkaProducer<Integer, Category> producer;
...
   public Response create(Category category) throws Exception {
...
      producer.send("category_topic", category.getId(), category);
...
   public Response remove(@PathParam("categoryId") Integer categoryId,
      @Context SecurityContext context) throws Exception {
...
      producer.send("category_topic", categoryId, null);
...
   }
```

注入一个 CDI 生产者，它的键为 Integer 类型，值为 Category 类型

用同样的方式修改 remove()方法。与 create()的主要区别是此处的值为 null，因为它不再有效

修改 create()方法，在创建新的 Category 后调用 send()。它表明要把记录发送到的主题以及键和值

修改了 Admin 微服务后，就可以部署它。在部署微服务之前，需要运行
Keycloak，因为微服务使用它来确保删除端点的安全性。为达到这个目的，需要
运行下列命令：

```
/chapter9/keycloak> java -Dswarm.http.port=9090 -jar
➡ keycloak-2018.1.0-swarm.jar
```

如果数据库文件尚未从目录中删除，那么 Keycloak 应该启动并记住之前安装
的所有设置。当 Keycloak 再次运行后，就可以部署 Admin 服务。

```
/chapter11/admin> mvn clean fabric8:deploy -Popenshift
```

在微服务启动并运行后，可以使用新的管理 UI，或者直接通过 Postman 发送
HTTP 请求来更新和删除类别。如何知道 Admin 微服务正确地将记录放到 Kafka
主题上了呢？毕竟现在并没有消费这些记录的东西。

庆幸的是，Kafka 提供了一个消费者，可以在控制台中使用它查看主题的内
容。在 OpenShift 控制台中，可以像往常一样返回 kafka- * pod，然后选择 Terminal
选项卡。在命令行上运行以下命令：

```
./bin/kafka-console-consumer.sh --bootstrap-server 172.30.225.60:9092 -
➡ from-beginning --topic category_topic
```

或者可以连接到 kafka- * pod 并远程运行命令。

```
oc rsh kafka-<identifier>
./bin/kafka-console-consumer.sh --bootstrap-server 172.30.225.60:9092 -
➡ from-beginning --topic category_topic
```

为指定 Kafka 所在的地址，可以使用之前搜索的 OpenShift 服务列表，找到
Kafka 服务的 IP 地址和端口。然后告诉脚本要从头开始使用所有记录，即从偏移
量 0 开始。最后，为其指定主题的名称。如果一切正常，则通过 Admin 微服务进
行的每次更改都会显示一条记录。

我们已经介绍了 Kafka 主题的生产方，现在来看一下消费方。

11.3.3   Kafka 消费者

Kafka 消费者的所有代码都在本书代码的/chapter11/kafka-consumer/目录中。
与生产者一样，在 pom.xml 中添加 kafka-cdi-extension 依赖项。pom.xml 的其余
部分包含通常的 Thorntail 插件和依赖项，以及用于部署到 OpenShift 的 fabric8
Maven 插件。另外还指定了 MySQL JDBC 驱动程序依赖项，以便更新 Cayambe
数据库中的记录。

为连接到 Cayambe 数据库，需要定义一个 DataSource(如代码清单 11.3 所示)。

代码清单 11.3　project-defaults.yml

JNDI 中的数据源的名称

使用从 MySQL JDBC 驱动程序依赖项创建的模块

Cayambe 数据库的凭证

OpenShift 上的 MySQL 数据库实例的 URL

```
swarm:
  datasources:
    data-sources:
      CayambeDS:
        driver-name: mysql
        connection-url: jdbc:mysql://mysql:3306/cayambe
        user-name: cayambe
        password: cayambe
        valid-connection-checker-class-name:
          org.jboss.jca.adapters.jdbc.extensions.mysql.MySQLValidConnectionChecker
  validate-on-match: true
  background-validation: false
  exception-sorter-class-name:
org.jboss.jca.adapters.jdbc.extensions.mysql.MySQLExceptionSorter
```

最后，创建一个类，在接收到 Kafka 主题中的记录时对其进行处理(如代码清单 11.4 所示)。

代码清单 11.4　CategoryEventListener

与在生产者中的做法相同，定义 Kafka 主机和端口

使用 project-defaults.xml 创建的 CayambeDS 的 JNDI 名称。它被 getDatasource()使用，所以可以使用修改过的类别更新 Cayambe 数据库

@Consumer 注解标识这个方法会接收 Kafka 主题的记录，并提供必要的配置来连接到 Kafka API。它定义了用于读取记录的主题的名称、键的类型、消费者组的唯一标识符以及位于主题开头的偏移量

```
@ApplicationScoped
@KafkaConfig(bootstrapServers =
    "#{KAFKA_SERVICE_HOST}:#{KAFKA_SERVICE_PORT}")
public class CategoryEventListener {

    private static final String DATASOURCE =
        "java:/jboss/datasources/CayambeDS";

    @Consumer(topics = "category_topic", keyType = Integer.class,
        groupId = "cayambe-listener", offset = "earliest")
    public void handleEvent(Integer key, Category category) {
        if (null == category) {
            // Remove Category
            executeUpdateSQL("delete from category where category_id = " + key);
            // Remove from Category Hierarchy
            executeUpdateSQL("delete from category_category where category_id = " +
        key);
            executeUpdateSQL("delete from category_category where parent_id = " +
        key);
        } else {
            boolean update = rowExists("select * from category where category_id = "
        + key);
            if (update) {
                // Update Category
```

接收 Kafka 记录的方法，参数是传入的键和值

执行 SQL 来删除类别层级中的类别，包括子类别和父类别

执行 SQL 来判断 ID 对应的类别是否存在，用于决定更新记录还是插入记录

执行 SQL 来移除类别

执行 SQL 来更新数据库中
类别上的字段

```
        executeUpdateSQL("update category set name = '" + category.getName()
                        + "' header = '" + category.getHeader()
                        + "' image = '" + category.getImagePath()
                        + "' where category_id = " + key);
    } else {
        // Create Category
        executeUpdateSQL("insert into category (id,name,header,visible,image)
 values("
                        + key + ",'" + category.getName() + "', '"
                        + category.getHeader() + "', " +
 (category.isVisible() ? 1 : 0)
                        + ", '" + category.getImagePath() + "')");
        executeUpdateSQL("insert into category_category (category_id,
 parent_id)"
                        + " values (" + category.getId() + "," +
 category.getParent().getId() + ")");
        }
    }
 }
```

执行 SQL 来向数据库中插入新
类别，并且插入类别层级中

```
 private void executeUpdateSQL(String sql) {
    Statement statement = null;
    Connection conn = null;

    try {
      conn = getDatasource().getConnection();
      statement = conn.createStatement();
      statement.executeUpdate(sql);
      statement.close();
    conn.close();
    } catch (Exception e) {
    ...
    }
  }
boolean rowExists(String sql) {
    Statement statement = null;
    Connection conn = null;
    ResultSet results = null;

    try {
      conn = getDatasource().getConnection();
      statement = conn.createStatement();
      results = statement.executeQuery(sql);
      return results.next();
    } catch (Exception e) {
    ...
    }
    return false;
  }

 private DataSource getDatasource() {
    if (null == dataSource) {
```

用于执行 SQL 更新
操作的方法

用于检查类别对应的行是否存
在于数据库中的方法

用于从 JNDI 中获取
数据源的方法

```
    try {
      dataSource = (DataSource) new InitialContext().lookup(DATASOURCE);
    } catch (NamingException ne) {
      ne.printStackTrace();
    }
  }
  return dataSource;
}

private DataSource dataSource = null;
}
```

CategoryEventListener 通过注册一个方法侦听 Kafka 事件，它定义了键类型、值类型、正在处理的主题、消费者组，以及希望从头开始处理流中的所有记录。当收到 Kafka 记录时，如果值为 null，就需要删除类别，否则处理新记录或更新记录。

要区分更新类别和新类别，需要在 Cayambe 中的现有类别上执行 SQL 语句，以查看此记录是否存在。如果有，就是更新记录；如果没有，就是新记录。

此处通过运行 SQL 语句来确定是在处理更新类别还是新类别。如果不希望有这样的开销，可以将 Kafka 中记录的值类型更改为封闭对象。Category 实例(也就是当前值)可以是新类型上的一个字段，带有一个标志用于标识正在处理的更改事件的类型。

现在完成了 Kafka 消费者的开发，你已经准备好看一下它们的运行。但在部署刚刚创建的 Kafka 消费者之前，为可视化发生的变化，值得使用如下命令启动第 10 章的 Cayambe 混合体。

```
/wildfly-11.0.0.Final/bin/standalone.sh
```

在 Cayambe 运行后，打开浏览器并浏览类别树。你应该能注意到，通过 Admin 微服务所做的任何更改都是不可见的。这是合理的，因为此时没有激活更新 Cayambe 数据库的进程。现在启动 Kafka 消费者。

```
/chapter11/kafka-consumer> mvn clean fabric8:deploy -Popenshift
```

当 pod 运行后，它应该处理 Kafka 主题上存在的所有记录，因为指定它从主题的最早偏移处开始处理。可以打开服务的日志，查看为每个处理的记录打印的控制台语句。

随着 Kafka 消费者对记录的处理，可以返回 Cayambe UI 并刷新页面。在类别树中导航并找到通过 Admin 微服务修改过的类别时，就会注意到它们现在已根据之前的操作进行了更新或删除。

现在已成功解耦两个系统之间的数据，所以一个系统(即Admin微服务)拥有数据，而另一个系统以只读方式使用它的副本。作为一个额外的好处，只要 Kafka 生产者和消费者都在运行，数据就不会过时。

11.4   额外练习

正如本章前面所讨论的，为进行额外的练习，可尝试把 Cayambe 混合体转换为使用 Debezium 直接处理数据库条目，而不是在 Admin 微服务中生产记录。

这还将提供优于当前解决方案的另一个好处，因为可以在需要时从 Kafka 主题记录中完全重建类别的层次结构。层次结构将包含最初为加载数据库而做的所有初始插入的记录，以及从那之后的任何插入、更新和删除操作。

11.5   本章小结

- 数据流通过分离组件或微服务来进行解耦，同时让它们使用相同的数据，从而简化了架构。
- 可以使用 Apache Kafka 的数据流技术在微服务和应用之间共享数据，而不需要通过 REST 调用检索数据。

注意 有关使用 Spring Boot 开发微服务的更多详细信息请参阅附录 A。

附录 *A*

Spring Boot微服务

在整本书中，我们都在关注使用 Thorntail 为企业级 Java 开发微服务。本附录将介绍使用 Spring Boot 开发微服务的详细信息，其中包括 Craig Walls 编写的 *Spring Boot in Action*(Manning, 2015)中的片段。如果你特别关注 Spring Boot 微服务，不妨阅读这本书来获取更多的细节(参见 www.manning.com/books/spring-boot-in-action)。

A.1　剖析 Spring Boot 项目

本节包含 *Spring Boot in Action* 一书的 2.1.1 节中的片段，讲述了 Spring Boot 应用的各个部分及其需求。

A.1.1　查看一个新初始化的 Spring Boot 项目

图 A.1 展示了一个 Spring Boot 阅读清单项目的结构。

图 A.1　阅读清单项目的代码结构

首先要注意的是，这个项目结构遵循典型的 Maven 或 Gradle 项目的布局。应用的主要代码位于目录树的 src/main/java 分支中，资源位于 src/main/resources 分支中，而测试代码位于 src/test/java 分支中。此时还没有任何测试资源，否则它们应该位于 src/test/resources 中。

深挖一下，就会看到关于这个项目的一些文件。

- build.gradle ——Gradle 构建规范。
- ReadingListApplication.java ——应用的启动类和主要的 Spring 配置类。
- application.properties ——用来配置应用和 Spring Boot 属性的地方。
- ReadingListApplicationTests.java ——一个基本的集成测试类。

构建规范文件中包含很多有待发现的 Spring Boot 精华，因此将在最后进行讨论。我们将首先从 ReadingListApplication.java 开始。

A.1.2 启动 Spring

在 Spring Boot 应用中，ReadingListApplication 类有两个目的：配置和引导。首先，它是核心的 Spring 配置类。尽管 Spring Boot 的自动配置消除了很多的 Spring 配置，但至少还需要少量的 Spring 配置来启用自动配置。如代码清单 A.1 所示，只需要一行配置代码。

代码清单 A.1　ReadingListApplication

```
package readinglist;

import org.springframework.boot.SpringApplication;
import org.springframework.boot.autoconfigure.SpringBootApplication;

@SpringBootApplication                          ◀── 启用组件扫描和自动配置
public class ReadingListApplication {

  public static void main(String[] args) {
    SpringApplication.run(ReadingListApplication.class, args);   ◀──
  }
}                                                        启动应用
```

@SpringBootApplication 启用 Spring 组件扫描和 Spring Boot 自动配置。事实上，它组合了其他三个有用的注解。

- Spring 的@Configuration——指定一个类为配置类，这个类使用 Spring 的基于 Java 的配置。尽管在本书中不会编写很多配置，但是相比于 XML 配置，你会更喜欢基于 Java 的配置。
- Spring 的@ComponentScan——启用组件扫描，以便 Web 控制器类和其他组件能够被自动地发现和注册为 Spring 应用上下文中的 bean。在本附录的后面部分，将编写一个简单的 Spring MVC 控制器，并使用@Controller

进行注解，以便组件扫描找到它。

- Spring Boot 的@EnableAutoConfiguration——这个小小的注解也被命名为 @Abracadabra，因为这一行配置启用了 Spring Boot 自动配置的魔法。有了这一行配置，不再需要编写其他所需的配置页面。

在老版本的 Spring Boot 中，需要在 ReadingListApplication 类上一起使用这三个注解。但从 Spring Boot 1.2.0 开始，只需要使用@SpringBootApplication 即可。

ReadingListApplication 也是一个引导类。运行 Spring Boot 应用的方式有很多，包括使用传统的 WAR 文件部署。但现在，这里的 main()方法能够把应用作为可执行的 JAR 文件，从命令行中执行。它把一个指向 ReadingListApplication 类的引用和命令行参数传给 SpringApplication.run()，从而启动应用。

尽管还没有编写任何应用代码，但依然能够在任何时候构建应用并尝试运行。最简单的构建和运行应用的方式是使用 Gradle 的 bootRun 任务。

```
$ gradle bootRun
```

bootRun 任务来自 Spring Boot 的 Gradle 插件。另外，还可以使用 Gradle 构建项目，然后在命令行中使用 Java 来运行。

```
$ gradle build
...
$ java -jar build/libs/readinglist-0.0.1-SNAPSHOT.jar
```

应用应该会正常启动并启用一个 Tomcat 服务器监听 8080 端口。可以在浏览器中打开 http://localhost:8080。但是，由于还没有编写控制器类，因此会遇到 HTTP 404(未找到)错误和一个错误页面。尽管如此，在附录结束之时，这个 URL 将服务于阅读清单应用。

几乎不需要修改 ReadingListApplication.java。如果应用需要 Spring Boot 自动配置之外的任何其他 Spring 配置，通常最好的方式是将其添加到独立的配置类中并使用@Configuration 注解(组件扫描会发现并使用它们)。在一些极其简单的情况下，可以在 ReadingListApplication.java 上添加自定义的配置。

A.1.3　测试 Spring Boot 应用

Initializr 也提供了一个测试类的骨架，用来帮你上手应用的测试。但是，代码清单 A.2 中的 ReadingListApplicationTests 不只是测试的占位符。作为一个示例，它展示了如何为 Spring Boot 应用编写测试。@SpringApplicationConfiguration 加载了一个 Spring 应用上下文。

代码清单 A.2　ReadingListApplicationTests

```
package readinglist;
```

```
import org.junit.Test;
import org.junit.runner.RunWith;
import org.springframework.boot.test.SpringApplicationConfiguration;
import org.springframework.test.context.junit4.SpringJUnit4ClassRunner;
import org.springframework.test.context.web.WebAppConfiguration;

import readinglist.ReadingListApplication;

@RunWith(SpringJUnit4ClassRunner.class)          通过 Spring Boot
@SpringApplicationConfiguration(                 加载上下文
        classes = ReadingListApplication.class)

@WebAppConfiguration
public class ReadingListApplicationTests {
                                                 测试上下文
    @Test                                        的加载
    public void contextLoads() {

    }
}
```

在典型的 Spring 集成测试中，需要使用@ContextConfiguration 来注解测试类，以便指定测试如何加载 Spring 应用上下文。但是为利用 Spring Boot 的全部优点，应该使用@SpringApplicationConfiguration 注解。就像在代码清单 A.2 中看到的那样，ReadingListApplicationTests 使用@SpringApplicationConfiguration 注解加载来自 ReadingListApplication 配置类的 Spring 应用上下文。

ReadingListApplicationTests 还包含一个简单的测试方法 contextLoads()。它太简单了，事实上它是个空方法。但是为验证应用上下文加载时没有问题，它已经足够。如果定义在 ReadingListApplication 中的配置是正确的，那么测试就会通过。如果有问题，测试将会失败。

随着对应用的进一步充实，我们将添加一些自己的测试。不过，contextLoads() 方法是一个好的开始，并且可验证此时的应用提供的所有功能。

A.1.4　配置应用的属性

Initializr 生成的 application.properties 文件初始是空的。这个文件是可选的，所以可以将其完全移除，而不会影响应用。不过把它留在原地也并无坏处。

随后，你将有机会在 application.properties 中添加条目。不过，如果现在你想尝试一下，可添加下面这行代码：

```
server.port=8000
```

这行代码会配置嵌入式的 Tomcat 服务器，让它监听 8000 端口，而不是默认的 8080 端口。再次运行应用可以验证这个配置。

这演示了 application.properties 文件能够对 Spring Boot 自动配置的东西进行细粒度的配置。但是，也可以通过应用代码来指定属性。

需要注意的主要事情是，在任何时候，你都不会显式地要求 Spring Boot 加载 application.properties。因为事实上，如果存在 application.properties，它就会被加载。这些属性可以同时被 Spring 和应用代码使用。

A.2　Spring Boot 启动器依赖项

本节将提供有关 Spring Boot 启动器及其用法的信息。

A.2.1　使用启动器依赖项

为理解 Spring Boot 启动器依赖项的益处，我们先假装它们并不存在。如果没有 Spring Boot，那么要添加哪些依赖项来构建呢？需要使用哪个 Spring 依赖项，以便支持 Spring MVC？你还记得 Thymeleaf 或其他外部依赖项的组和工件 ID 吗？应该使用哪个版本的 Spring Data JPA？这些依赖项互相兼容吗？

如果没有 Spring Boot 启动器依赖项，就需要完成额外的家庭作业。而你只是想开发一个使用 Thymeleaf 视图并且通过 JAP 持久化数据的 Spring Web 应用而已。但在真正编写第一行代码之前，你不得不弄清楚需要在构建规范中放入什么东西，才能支持你的计划。

在多种考虑(很可能还会复制粘贴有类似依赖项的其他项目的构建文件)之后，就会在 Gradle 构建规范文件中得到下面的依赖项：

```
compile("org.springframework:spring-web:4.1.6.RELEASE")
compile("org.thymeleaf:thymeleaf-spring4:2.1.4.RELEASE")
compile("org.springframework.data:spring-data-jpa:1.8.0.RELEASE")
compile("org.hibernate:hibernate-entitymanager:jar:4.3.8.Final")
compile("com.h2database:h2:1.4.187")
```

这个依赖项列表很好，甚至可能是可工作的。但是，你怎么知道这一点呢？如何能够保证这些依赖项的版本之间能够互相兼容？它们可能是兼容的，但直到构建和运行应用时才会真正确定。同时，你是如何知道这个依赖项列表是完整的？由于没有编写任何一行代码，因此仍然需要很长时间才能完成构建。

现在后退一步，回想一下你想要做的事情。你希望构建具有下列这些特性的应用：

- 一个 Web 应用；
- 使用 Thymeleaf；
- 通过 Spring Data JPA 把数据持久化到关系型数据库中。

如果在构建中指定这些事实，并且让构建来确定你需要什么，岂不是更简单？

这正是 Spring Boot 启动器依赖项做的事情。

A.2.2　指定基于方面的依赖项

Spring Boot 通过提供几十个启动器来解决项目依赖项的复杂性。启动器依赖项本质上是一个 Maven POM，它定义了对其他库的传递依赖关系，这些库一起支持特定的功能。很多启动器依赖项的命名表明它们提供的方面或功能。

例如，阅读清单应用将成为一个 Web 应用。与其添加几个独立的库到项目构建中，更简单的方式是将其声明为 Web 应用。把 Spring Boot 的 Web 启动器添加到项目构建中即可。

你也想用 Thymeleaf 渲染 Web 视图，使用 JPA 持久化数据。因此，你需要把 Thymeleaf 和 Spring Data JPA 启动器依赖项添加到构建中。

出于测试的目的，你还想有在 Spring Boot 上下文中运行集成测试的库。因此，需要在测试中依赖 Spring Boot 的测试启动器。

综上所述，就会有 Initializr 在 Gradle 构建中提供的如下五个依赖项：

```
dependencies {
  compile "org.springframework.boot:spring-boot-starter-web"
  compile "org.springframework.boot:spring-boot-starter-thymeleaf"
  compile "org.springframework.boot:spring-boot-starter-data-jpa"
  compile "com.h2database:h2"
  testCompile("org.springframework.boot:spring-boot-starter-test")
}
```

就像前面见到的那样，在项目构建中获取这些依赖项的最简单方式是在 Initializr 中选择 Web、Thymeleaf 和 JPA 复选框。但如果在初始化项目的时候没有这么做，那么当然可以编辑生成的 build.gradle 或 pom.xml，将它们添加到其中。

通过依赖传递，添加这四个依赖项等同于在构建中添加数十个独立的库。其中一些是传递的依赖项(诸如 Spring MVC、Spring Data JPA 和 Thymeleaf)，以及这些依赖项声明的任何传递的依赖项。

对于这四个启动器依赖项，最需要注意的是它们只具体到所需目的的层次。不用说想要 Spring MVC，你只需要说你想构建 Web 应用。不用指定 JUnit 或任何其他测试工具，你只需要说想要测试代码。Thymeleaf 和 Spring Data JPA 启动器会更具体一些，但只是因为没有更具体的方式来声明想要 Thymeleaf 和 Spring Data JPA。上面这个构建中的这四个启动器仅是 Spring Boot 提供的众多启动器依赖项中的几个而已。

在任何情况下都不需要指定版本。Spring Boot 的版本决定了启动器依赖项的版本。启动器依赖项自己决定它们拉取的各种传递的依赖项的版本。

不知道使用的各种库的版本可能会让人感到有些不安。Spring Boot 已经过测试以确保所有拉取的依赖项是兼容的，这一点会让你深受鼓舞。只指定一个启动器依赖项，而不必担心需要维护哪些库以及这些库的哪些版本，这是一种解放。

但如果你必须知道使用了哪些依赖项，那么总是可以使用构建工具来发现它们。如果使用 Gradle，dependencies 任务会输出依赖树，它包括了项目正在使用的所有库及其版本号。

```
$ gradle dependencies
```

可以从 Maven 构建中获取类似的依赖树(使用 dependency 插件的 tree 目标)。

```
$ mvn dependency:tree
```

在大部分情况下，你应该不会关心每个 Spring Boot 启动器依赖项所能提供的具体细节。通常只需要知道 Web 启动器能让你构建 Web 应用，Thymeleaf 启动器让你使用 Thymeleaf 模板，Spring Data JPA 启动器通过使用 Spring Data JPA 让数据持久化到数据库中。

但是，尽管 Spring Boot 团队进行过测试，如果某个启动器依赖项对于库的选择存在问题，该怎么办？如何重写启动器？

A.2.3　重写启动器传递的依赖项

最终，启动器依赖项与构建中的其他依赖项并无区别。你可以使用构建工具的设施选择性地重写传递性依赖项的版本，排除传递的依赖项，当然也可为 Spring Boot 启动器没有包含的库指定依赖项。

举个例子，考虑 Spring Boot 的 Web 启动器。在众多的依赖项之中，Web 启动器传递地依赖于 Jackson JSON 库。在构建消费或生产 JSON 资源的 REST 服务时，这个库很方便。但如果使用 Spring Boot 来构建更传统的面向人类的 Web 应用时，那可能并不需要 Jackson。尽管包含它并无大碍，但是可以通过把 Jackson 作为排除的传递依赖项来给构建瘦身。

如果使用 Gradle，那么可以用下面的方式排除传递的依赖项：

```
compile("org.springframework.boot:spring-boot-starter-web") {
    exclude group: 'com.fasterxml.jackson.core'
}
```

在 Maven 中，可使用<exclusions>元素来排除传递的依赖项。下列 Spring Boot Web 启动器的<dependency>中使用<exclusions>排除构建中的 Jackson。

```
<dependency>
  <groupId>org.springframework.boot</groupId>
  <artifactId>spring-boot-starter-web</artifactId>
  <exclusions>
    <exclusion>
      <groupId>com.fasterxml.jackson.core</groupId>
    </exclusion>
```

```
    </exclusions>
  </dependency>
```

或者，在构建中包含 Jackson 并没有大问题，但有时需要使用一个与 Web 启动器引用的版本不同的 Jackson。假设 Web 启动器引用 Jackson 2.3.4，但你更愿意使用 2.4.3 版本。如果使用 Maven，可以在 pom.xml 文件中使用下面的方式直接指定期望的依赖项：

```
<dependency>
  <groupId>com.fasterxml.jackson.core</groupId>
  <artifactId>jackson-databind</artifactId>
  <version>2.4.3</version>
</dependency>
```

Maven 总是使用最接近的依赖项，这意味着，因为已经在项目的构建中指定这个依赖项，所以它不会选择被其他依赖项传递引用的版本。

类似地，如果是使用 Gradle 进行构建，那么可以在 build.gradle 文件中使用如下方式指定更新的版本。

```
compile("com.fasterxml.jackson.core:jackson-databind:2.4.3")
```

这个依赖项在 Gradle 中是有效的，因为它比 Spring Boot Web 启动器传递引用的版本更新。但是，假设我们不使用 Jackson 的新版本，而使用老版本。与 Maven 不同，Gradle 只会选择依赖项的较新版本。因此，如果想使用老版本的 Jackson，那么必须在构建中把老版本指定为依赖项，让 Web 启动器依赖项不要传递地解析它，才能将其排除。

```
compile("org.springframework.boot:spring-boot-starter-web") {
  exclude group: 'com.fasterxml.jackson.core'
}
compile("com.fasterxml.jackson.core:jackson-databind:2.3.1")
```

在任何情况下，在重写那些 Spring Boot 启动器拉取的依赖项时都要保持谨慎。尽管不同的版本可能可以一起工作，但是启动器选取的版本都经过良好的兼容性测试，这会让人感到非常欣慰。你应该只在特殊情况下(如新版本中修复了漏洞)才去重写那些传递的依赖项。

现在有了空的项目结构，构建规范也已经就绪，是时候开始开发应用本身。在开发过程中，Spring Boot 会处理配置的细节，而你将专注于编写提供阅读清单功能的代码。

A.3　开发 Spring Boot 应用

在代码清单 A.3 中，将进一步开发一个 Spring Boot 应用，其中包含 *Spring Boot in Action* 一书的 2.3.1 节的内容。

A.3.1　专注于应用的功能

欣赏 Spring Boot 自动配置功能的一种方式是使用好多页面展示在没有 Spring Boot 时的配置。很多关于 Spring 的书籍都以这样的方式展现，但再重复一次并不能让你更快地完成阅读清单应用。

与其浪费时间谈论 Spring 配置，还不如在知道 Spring Boot 将解决这个问题后，利用 Spring Boot 自动配置来专注于编写应用代码。我想不出比为阅读清单应用编写代码更好的方式。

A.3.2　定义领域

应用中的中心领域概念是读者的阅读清单中的一本书。因此，需要定义一个实体类来代表一本书。代码清单 A.3 展示了 Boot 类型的定义。

代码清单 A.3　Book 类

```
package readinglist;

import javax.persistence.Entity;
import javax.persistence.GeneratedValue;
import javax.persistence.GenerationType;
import javax.persistence.Id;

@Entity
public class Book {

  @Id
  @GeneratedValue(strategy=GenerationType.AUTO)
  private Long id;
  private String reader;
  private String isbn;
  private String title;
  private String author;
  private String description;

  public Long getId() {
    return id;
  }

  public void setId(Long id) {
    this.id = id;
  }
```

```java
    public String getReader() {
       return reader;
    }

    public void setReader(String reader) {
       this.reader = reader;
    }
    public String getIsbn() {
       return isbn;
    }

    public void setIsbn(String isbn) {
       this.isbn = isbn;
    }

    public String getTitle() {
       return title;
    }

    public void setTitle(String title) {
       this.title = title;
    }

    public String getAuthor() {
       return author;
    }

    public void setAuthor(String author) {
       this.author = author;
    }

    public String getDescription() {
       return description;
    }

    public void setDescription(String description) {
       this.description = description;
    }
}
```

如你所见，Book 类是一个简单的 Java 对象，拥有一组描述书籍的属性以及必要的访问方法。它使用@Entity，将其标明为 JPA 实体。id 属性使用@Id 和@GeneratedValue 注解，表明这个字段是该实体的标识，它的值会被自动地提供。

A.3.3 定义资源库接口

下一步是定义资源库。资源库会把 ReadingList 对象持久化到数据库中。因为这里使用 Spring Data JPA，所以这个任务很简单，就是创建一个扩展 Spring Data JPA 的 JpaRepository 接口的接口。

```
package readinglist;

import java.util.List;
import org.springframework.data.jpa.repository.JpaRepository;

public interface ReadingListRepository extends JpaRepository<Book, Long> {

  List<Book> findByReader(String reader);
}
```

扩展 JpaRepository 后，ReadingListRepository 继承 18 个用于常见的持久化操作的方法。JpaRepository 接口是参数化的，有两个参数：资源库将要处理的领域类型和其 ID 属性的类型。除此之外，这里添加了 findByReader()方法，可以基于给定的读者用户名来查找对应的阅读清单。

如果你想知道谁来实现 ReadingListRepository 接口和 18 个继承的方法，那么不用担心。Spring Data 提供了特定的魔法，只需要用一个接口就能定义资源库。当应用启动后，会自动地在运行时实现这个接口。

A.3.4　创建 Web 接口

现在已经定义应用的领域以及用来把领域对象持久化到数据库的资源库，剩下的就是创建 Web 前端。代码清单 A.4 中的 Spring MVC 控制器将为应用处理 HTTP 请求。

代码清单 A.4　ReadingListController

```
package readinglist;

import org.springframework.beans.factory.annotation.Autowired;
import org.springframework.stereotype.Controller;
import org.springframework.ui.Model;
import org.springframework.web.bind.annotation.PathVariable;
import org.springframework.web.bind.annotation.RequestMapping;
import org.springframework.web.bind.annotation.RequestMethod;

import java.util.List;

@Controller
@RequestMapping("/")
public class ReadingListController {

  private ReadingListRepository readingListRepository;

  @Autowired
  public ReadingListController(
          ReadingListRepository readingListRepository) {
    this.readingListRepository = readingListRepository;
  }

  @RequestMapping(value="/{reader}", method=RequestMethod.GET)
```

```
public String readersBooks(
    @PathVariable("reader") String reader,
    Model model) {

    List<Book> readingList =
        readingListRepository.findByReader(reader);
    if (readingList != null) {
        model.addAttribute("books", readingList);
    }
    return "readingList";
}

@RequestMapping(value="/{reader}", method=RequestMethod.POST)
public String addToReadingList(
        @PathVariable("reader") String reader, Book book) {
    book.setReader(reader);
    readingListRepository.save(book);
    return "redirect:/{reader}";
}

}
```

ReadingListController 使用@Controller 注解，以便让组件扫描发现它并将其自动地注册为 Spring 应用上下文中的一个 bean。它还使用@RequestMapping 注解，用来把所有的处理器方法映射到基本 URL 路径 "/"。

控制器有两个方法：

- readersBooks()——处理/{reader}路径下的 HTTP GET 请求，使用路径中指定的读者从资源库(通过控制器的构造函数注入)中检索 Book 列表。它把 Book 列表保存在模型的 books 键下，并返回 readingList 作为视图的逻辑名称，对模型进行渲染。

- addToReadingList()——处理/{reader}路径下的 HTTP POST 请求，将请求体中的数据绑定到 Book 对象上。这个方法将 Book 对象的 reader 属性设置为读者的名字，然后通过资源库的 save()方法保存修改后的 Book。最终，它返回一个到/{reader}的重定向(它会被控制器的另一个方法处理)。

readersBooks()方法在结束时返回 readingList 作为逻辑视图的名称。因此，还必须创建这个视图。在项目开始时，已经决定使用 Thymeleaf 来定义应用的视图，因此下一步是在 src/main/resources/templates 中创建文件 readingList.html，如代码清单 A.5 所示。

代码清单 A.5   readlingList.html

```
<html>
  <head>
    <title>Reading List</title>
    <link rel="stylesheet" th:href="@{/style.css}"></link>
```

```
  </head>

<body>
  <h2>Your Reading List</h2>
  <div th:unless="${#lists.isEmpty(books)}">
    <dl th:each="book : ${books}">
      <dt class="bookHeadline">
        <span th:text="${book.title}">Title</span> by
        <span th:text="${book.author}">Author</span>
         (ISBN: <span th:text="${book.isbn}">ISBN</span>)
      </dt>
      <dd class="bookDescription">
        <span th:if="${book.description}"
              th:text="${book.description}">Description</span>
        <span th:if="${book.description eq null}">
            No description available</span>
      </dd>
    </dl>
  </div>
<div th:if="${#lists.isEmpty(books)}">
  <p>You have no books in your book list</p>
</div>

<hr/>

  <h3>Add a book</h3>
  <form method="POST">
    <label for="title">Title:</label>
      <input type="text" name="title" size="50"></input><br/>
    <label for="author">Author:</label>
      <input type="text" name="author" size="50"></input><br/>
    <label for="isbn">ISBN:</label>
      <input type="text" name="isbn" size="15"></input><br/>
    <label for="description">Description:</label><br/>
      <textarea name="description" cols="80" rows="5">
      </textarea><br/>
    <input type="submit"></input>
  </form>

  </body>
</html>
```

这个模板定义了一个在概念上分为两部分的 HTML 页面。页面的顶部是读者阅读清单中的图书的列表。底部是一个表单,用户可以通过它把新图书添加到阅读清单中。

出于审美的目的,Thymeleaf 模板引用了一个样式表(style.css)。这个文件应该位于 src/main/resources/static 中,内容如下所示:

```
body {
    background-color: #cccccc;
    font-family: arial,helvetica,sans-serif;
}
```

```
.bookHeadline {
    font-size: 12pt;
    font-weight: bold;
}

.bookDescription {
    font-size: 10pt;
}

label {
    font-weight: bold;
}
```

这是一个简单的样式表，并没有使应用看起来特别漂亮。但是它满足我们的要求，并且很快会看到，它演示了 Spring Boot 自动配置的一部分。

总之，这是一个完整的应用。它的每一行都展示在本附录中。翻回前几页，看看能否找到任何配置。除代码清单 A.1 中的三行配置(它打开了自动配置功能)，并没有编写任何的 Spring 配置。

尽管缺少 Spring 配置，但是这个完整的 Spring 应用已经准备好运行。下面看一下它的运行情况。

A.4　Spring Boot 测试

本节通过模拟 Spring MVC 的部分，提供使用 Spring Boot 进行测试的有关内容。本节包含 *Spring Boot in Action* 一书的 4.2.1 节中的内容。

模拟 Spring MVC

从 Spring 3.2 开始，Spring Framework 包含通过模拟 Spring MVC 来测试 Web 应用的有用工具。这使得对控制器执行 HTTP 请求成为可能，而无须在实际的 servlet 容器中运行控制器。相反，Spring 的 Mock MVC 框架对 Spring MVC 进行了足够多的模拟，使应用几乎像在 servlet 容器中运行一样(实际上并没有)。

为在测试中设置 Mock MVC，可使用 MockMvcBuilders。这个类提供了两个静态方法：

- standaloneSetup()——构建一个 Mock MVC，用来服务一个或多个手动创建和配置过的控制器。
- webAppContextSetup()——使用 Spring 应用上下文构建一个 Mock MVC，其中可能包括一个或多个配置过的控制器。

这两种选项的主要区别是，standaloneSetup()需要手动地实例化和注入期望测试的控制器，而 webAppContextSetup()通过 WebApplicationContext 的实例工作，这个实例可能是 Spring 加载的。前者更类似于单元测试，可能只会用于围绕某个控制器进行测试。然而，后者让 Spring 加载了控制器和它们的依赖项，用于进行完整的集成测试。

为达到本章的目的，我们将使用 webAppContextSetup()。如果从 Spring Boot 自动配置的应用上下文中实例化并注入 ReadingListController，就可以对其进行测试。

webAppContextSetup()使用一个 WebApplicationContext 实例作为参数。因此，测试类需要使用 @WebAppConfiguration 注解，并使用 @Autowired 把 WebApplicationContext 作为实例变量注入测试中。代码清单 A.6 展示了 Mock MVC 测试的起点。

代码清单 A.6　MockMvcWebTests

```
@RunWith(SpringJUnit4ClassRunner.class)               启用 Web 上下文
@SpringApplicationConfiguration(                      测试
    classes = ReadingListApplication.class)
@WebAppConfiguration
public class MockMvcWebTests {
@Autowired
                                                      注入 WebApplicationContext
private WebApplicationContext webContext;

private MockMvc mockMvc;

@Before
public void setupMockMvc() {
  mockMvc = MockMvcBuilders          ←——  设置 MockMvc
    .webAppContextSetup(webContext)
    .build();
  }
}
```

@WebAppConfiguration 注解声明 SpringJUnit4ClassRunner 创建的应用上下文应是一个 WebApplicationContext(而不是一个基本的非 Web 的 ApplicationContext)。

setupMockMvc()方法使用 JUnit 的@Before 注解，表明它应该在所有测试方法之前被执行。它把注入的 WebApplicationContext 传给 webAppContextSetup()方法，然后调用 build()来创建一个 MockMvc 实例，它被赋值给一个实例变量以供测试方法使用。

有了 MockMvc 之后，接下来准备编写测试方法。现在从一个简单的测试方法开始，对/readingList 完成一次 HTTP GET 请求，并且断言模型和视图满足期望。下面的 homepage()测试方法实现了所需的东西。

```
@Test
public void homePage() throws Exception {
  mockMvc.perform(MockMvcRequestBuilders.get("/readingList"))
      .andExpect(MockMvcResultMatchers.status().isOk())
```

```
.andExpect(MockMvcResultMatchers.view().name("readingList"))
.andExpect(MockMvcResultMatchers.model().attributeExists("books"))
.andExpect(MockMvcResultMatchers.model().attribute("books",
        Matchers.is(Matchers.empty())));
}
```

如你所见，测试方法中用到很多静态方法，包括来自 Spring 的 MockMvcRequestBuilders 和 MockMvcResultMatchers 的静态方法，以及来自 Hamcrest 库的 Matchers 的静态方法。在深入这些测试方法的细节之前，下面添加一些静态导入，以提高代码的可读性。

```
import static
➦ org.springframework.test.web.servlet.request.MockMvcRequestBuilders.*;
import static
➦ org.springframework.test.web.servlet.result.MockMvcResultMatchers.*;
```

有了这些静态导入后，可以像下面这样重新编测试方法：

```
@Test
public void homePage() throws Exception {
   mockMvc.perform(get("/readingList"))
      .andExpect(status().isOk())
      .andExpect(view().name("readingList"))
      .andExpect(model().attributeExists("books"))
      .andExpect(model().attribute("books", is(empty())));
}
```

现在的这个测试方法几乎是可以自然阅读的。首先它对/readingList 执行一个 GET 请求。然后，它期望请求是成功的(isOK()断言 HTTP 200 响应码)，并且视图的逻辑名称为 readingList。它还断言模型包含名为 books 的属性，但这个属性是一个空的集合。

需要注意的主要事情是，在任何时候，都没有把应用部署到 Web 服务器中。相反，它运行在一个模拟的 Spring MVC 中，它仅能处理通过 MockMvc 实例发出的 HTTP 请求。

我们再试一个测试方法。这次将会更有意思：发送一个 HTTP POST 请求来提交一本新书。我们期望在 POST 请求被处理后，它被重定向回/readingList，并且模型中的 books 属性包含新添加的图书。代码清单 A.7 展示了如何使用 Spring 的 Mock MVC 来实现这种测试。

代码清单 A.7　MockMvcWebTests

```
@Test
public void postBook() throws Exception {                    执行 POST 请求
mockMvc.perform(post("/readingList")
        .contentType(MediaType.APPLICATION_FORM_URLENCODED)
        .param("title", "BOOK TITLE")
```

```
                 .param("author", "BOOK AUTHOR")
                 .param("isbn", "1234567890")
                 .param("description", "DESCRIPTION"))
                 .andExpect(status().is3xxRedirection())
                 .andExpect(header().string("Location", "/readingList"));

    Book expectedBook = new Book();          ◄── 设置期望的图书
    expectedBook.setId(1L);
    expectedBook.setReader("craig");
    expectedBook.setTitle("BOOK TITLE");
    expectedBook.setAuthor("BOOK AUTHOR");
    expectedBook.setIsbn("1234567890");
    expectedBook.setDescription("DESCRIPTION");

    mockMvc.perform(get("/readingList"))
                 .andExpect(status().isOk())              执行 GET 请求
                 .andExpect(view().name("readingList"))  ◄──
                 .andExpect(model().attributeExists("books"))
                 .andExpect(model().attribute("books", hasSize(1)))
                 .andExpect(model().attribute("books",
                            contains(samePropertyValuesAs(expectedBook))));
    }
```

　　这个测试方法涉及更多的内容，在一个方法中有两个测试。第一部分提交图书并
断言请求的结果；第二部分对主页执行新的 GET 请求并断言新创建的图书在模型中。

　　在提交图书时，必须确保把内容类型设置为 application/x-www-form-urlencoded
(使用 MediaType.APPLICATION_FORM_URLENCODED)，因为它是在向正在运行
的应用中提交图书时浏览器发送的内容类型。然后使用 MockMvcRequestBuilders
的param()方法设置字段，模拟提交的表单。在执行完请求之后，断言响应是一个指
向/readingList 的重定向。

　　假设大部分测试都通过了，将继续进入下一部分。首先，创建一个 Book 对
象，它包含期望的值。它将被用来与获取主页后的模型中的值进行比较。

　　然后执行对/readingList 的 GET 请求。在很大程度上，这与前面测试主页的方
式并无区别，除了前面测试里模型中的 books 是空集合，而这里包含一个元素，
它与刚刚创建的 Book 是相同的。如果是这样，那么当一本书被提交到控制器上
时，控制器会执行它的保存工作。

A.5　本附录小结

- 从 *Spring Boot in Action* 中选择了部分内容，这些内容涵盖使用 Spring Boot
  开发微服务的额外细节。

- 开发 Spring Boot 微服务的更多细节可以在 *Spring Boot in Action* 一书中找
  到(www.manning.com/books/spring-boot-in-action)。